日本造园译丛

造园栽植术

［日］山本纪久　著

杨秀娟　董建军　译

中国建筑工业出版社

著作权合同登记图字：01-2014-1110号

图书在版编目（CIP）数据

造园栽植术 /（日）山本纪久著；杨秀娟，董建军译 . —北京：中国建筑工业出版社，2018.5
（日本造园译丛）
ISBN 978-7-112-21717-5

Ⅰ . ①造… Ⅱ . ①山… ②杨… ③董… Ⅲ . ①园林植物—景观设计 Ⅳ . ① TU986.2

中国版本图书馆CIP数据核字（2017）第330508号

Japanese title: Zouen Shokusaijutsu by Norihisa Yamamoto

Copyright © 2012 by Norihisa Yamamoto

Original Japanese edition published by SHOKOKUSHA Publishing Co., Ltd., Tokyo, Japan

本书由日本彰国社授权我社独家翻译、出版、发行

责任编辑：张　明　刘文昕
责任校对：李欣慰

日本造园译丛
造园栽植术
[日]山本纪久　著
杨秀娟　董建军　译

*

中国建筑工业出版社出版、发行（北京海淀三里河路9号）
各地新华书店、建筑书店经销
北京点击世代文化传媒有限公司制版
北京富诚彩色印刷有限公司印刷

*

开本：787×1092毫米　1/16　印张：12½　字数：265千字
2018年5月第一版　2018年5月第一次印刷
定价：99.00 元
ISBN 978-7-112-21717-5
（31525）

从爱植物到爱风景

进士五十八

这本书，通俗易懂、逸趣横生。

这本书，应该让很多的人来读。

文章好，绘图好，照片也好。最难能可贵的是，作者在"植物"方面拥有的知识、技术、经验之丰富、广博、确切性，以及对于"人类与社会"、"从庭园到国土风景"等深切的热爱与情怀可谓最高。

在环境的世纪——21 世纪，随着市民对于自然，特别是生物、植物，即所谓的"绿"的关注和知识需求的日益增长，众多的参考书和工具书不断出现。但是，大部分都是学术论文般的数据罗列，偏向于分类学或生态学，或者是绿化工程等专门技术，难懂的书比较多。而在此之中既能学习知识，又能提升人性修养的培训书则没有。

唤起对于人、社会、身旁的住所、我们的乡镇村庄、我们的地域地区，以及对我们国土的炽热的思考和深厚的热爱，所谓的真正的修养还是需要的吧。

我在很久以前，写过一本可能并不专业的《栽植设计》(《农耕与园艺》别册，诚文堂新光社，1976.12) 的书。虽然请教过研究植物的老师，但是被评价为"怎么也无法作为设计"的书，无可奈何的我只好把它作为"绿的空间构成术"进行编撰了。植物方面的专家，对于分类学或是生理、习性、生态的研究虽然擅长，对于设计或是风景营造似乎并不擅长。

植物和设计，这两方面都擅长的人物几乎没有。等等，在自己的设计事务所明示"爱植物"的本书作者山本纪久先生不就是这样稀有的例子吗？

将丰富的植物学知识导入生活环境中，使之适合人类生活，以创造更高的生活品质 (quality of life，Q.O.L.) 为目的的应用植物学、应用树木学，这应该就是"造园栽植学"的本质吧。

我的恩师，林学博士上原敬二先生，不是将其称为树木学而是称为"树艺学"。对应的英语则是 Aboriculture，直译过来就是"树木文化"。也就是说，不是单纯的植物栽培或繁殖，也不是单纯的养护管理技术。这是对于某一国家、某一地方、某一民族固有的"绿的文化"的研究，上原先生认为基本可以与"造园学"通用。

在这个意义上，植物学知识可以是自然科学，同时也从自然观、风景观渗透到文学、美学的人文科学，城市理论、人居环境学的社会科学各个领域，是真正的文理融合的综合科学，并且还涉及市民们的趣味生活、情绪、风情、风格所表现出来的生活方面的广义的杂学，也是造园栽植基础不可欠缺的内容。

这本书是仅需一览目录就能明白作者想表达的内容的书。或者仅仅是挑几个关键词去读，也能明白这本书是"造园栽植术"，即上原先生的树艺学的正统后继者。这本书，是图解的造园栽植学。

日本的风景是山野、乡村、城镇的绿的总体／森林的表土守护着国土／水循环／生物多样性／野生动物生存的风景／有区域特征的风景／自然观／日本的造园／植物季节／栽植景观的成熟／栽植分布区域／古树／役木／自然树形和人工树形／向自然学习／借景和景深／阴与阳／城市的森林／生的力量／生活的结构／蛇笼和辙道／顺应的管理／堆肥场生物巢穴……

从一棵树开始，到树林、森林、山林，到风景。从一户的房屋、庭园开始，到街道、公园、绿地、乡镇、乡村，到田园、游乐场、观光地，直至国立公园。还有从古典到现代，从生态到景观，实实在在从广阔的视点展开"绿"的话题，然后都清晰地将之收纳到"为了美丽的国度·日本的景观设计技术"的主题中。

本书是作者山本纪久历经半个世纪关于造园植物和造园栽植的探究的成果，也是作为风景园林设计师对社会性期望进行解答的实干家山本纪久的作品集。本书中，虽然是介绍了17个事例，但它们都是各具特色的工作，也可以作为优秀的作品论去看。虽然语言比较平实，但出色地总结了"造园栽植术的基础和应用"的实用技术和诀窍。

因此这本书，不管是对从业者、业余人士、对绿化关心的市民或非营利组织、学生、在建设行业或园林绿化行业第一线被绿化的窘况所困扰的国家公务员，当然还有环境的世纪被要求进行"有生命的景观的创造"的风景园林师、建筑师及设计师等众位来说，一定会成为学习"绿"的本质与特质，对现场问题做出正确的判断的强有力的参考吧！

进士五十八／东京农业大学名誉教授、日本学术会议第 20、21 期会员

想留给 22 世纪的造园之书

近藤三雄

本人常常对学生说起的空前绝后的"栽植设计"第一人山本纪久先生满怀期待的书写出来了。这是山本纪久稳如磐石、毫不动摇、长此以往形成的山本学派的总成果的书。

但是说实话，我是一半高兴，后悔更多。若问何故，是因为作为大学教师马上就要退休的我悄悄筹备作为退休纪念所构想的《造园栽植学》一书已不再可能出版。我在校正的阶段仔细阅读此书时，深刻体会到，即使我先动手，也不会再写出能够超越本书水平的内容，只能彻底拜服。

在前文用到"满怀期待"这样的字眼，是因为真心感觉本书是作者字斟句酌，用无法挑剔的凝练笔触写出来的。

山本先生在我大学负责的课程"造园栽植学"也作了20多年客座讲师，负责了一部分课程。他在教室里一握住话筒就拉开了山本剧场（激情）的大幕，一气呵成，妙语连珠，能言善辩。不需引用他人的说法，他在谈论自己的经验、实践相关话题时自信满满，诸位学生深受感动，目光炯炯。在课程结束的时候他博得鼓掌喝彩。顺便说一下，我已经在大学讲课超过35年了，但没有一次能博得学生如此鼓掌。

这样炙手可热的课程的厚积薄发，成为文字就是这本书。特别是第3章"栽植规划"、第4章"栽植手法"、第5章"栽植材料"是成为本书骨架的部分。迄今为止，关于这些内容在数量众多的同类图书中以同样章节的标题都有记述，但本书远远地超越于它们之上。各个部分并不是单纯的技术解说式的表达，而是被他的充满感性的思想、热情所包围，他人无法效仿的字字珠玑的内容。即使是偏技术性书籍，但随着阅读进程让人眼前一亮，让人感觉如同在阅读绝妙的短篇小说一样被吸引到山本纪久的世界中。

"栽植手法"一章是作者以自己经手的事例为基础进行解说，因此读者可以整体性地理解设计思想和手法。另外，在本书中，当作者在仅用文字很难表达微妙韵味之处，配以他拍摄的富含思想的照片，让读者容易理解，这一点非常好。

造园的基础是栽植。从这个意义上来说这本"想留给22世纪的造园之书"也会成为优秀的名著之一。无论如何，本书都会成为建筑、土木、城市规划、造园、生物工程等与以鲜活的植物为素材的空间设计相关的从业者和学生的必备图书。另外，它也可能会被翻译成各种语言，成为对海外同行业的从业者来说也适合的教科书。

此外，我坚信，要将蒙受了东日本大地震厄运的日本，建成比以往更加辉煌的国家、城市，本书将会成为复兴、再生事业的作业指导书。

近藤三雄 / 东京农业大学教授

今日梳理出孩提时代的感动

赵贤一

本书，是爱植物设计事务所董事局主席兼创办者、造园家山本纪久工作至今从实践中得来的栽植设计的实用之书，是其至今工作的集大成。

我加入公司 30 多年，与山本先生合作，一起参与了众多的工作。

我是以含自然资源的环境调查及规划为专业的，与以设计为重心的山本先生从事的专业技术是不一样的，从这样有差异的专业角度去看山本先生的工作，觉得他技术的精髓正是看透生物天性的能力。这是有时甚至驱动包含味觉的五感，以直觉性地理解来构筑栽植设计的理念，用植物素材去打造外形的能力。至今为止，从他本人和周边的各位所闻来推测，之所以具备这样的素质，源于孩提时代热爱大自然、少年时代在山野里尽情地玩耍，以及学生时代为了观察植物去登山，喜爱接触与观察自然，似乎是培养这样的素质的根源。我还了解到山本先生从东京农业大学入学开始，作为上原敬二先生的门生学习造园树木的奥义，在最初就职的第一园艺和之后的东洋造园土木，向各位专业人士学习现场操作。

这样的学习精神也延续到我们公司，聘请造园学和生态学的各位先生作为顾问和专家，面向自然与人类的共生，最大限度地致力于理论性、科学性的工作。去年，从已逝的齐藤一雄先生学到的"代偿度"、"接点空间"思考方法，成为本书的理论架构。我们公司，是以调查整合自然环境、地区规划、栽植设计等各个专业技术成员各有所长，创作出一个作品作为我们的特征的。这种齐心协力完成的工作，通过创业者的手总结归纳成书实在是意义深远。

在本书中，山本先生梳理了其从孩提时代即感受到的对生物的深深感动，并将其经过系统学习积累的知识和经验丰富的技术，如何在精心组织中进行具体实现进行了探讨。因此，对于学习景观的青年群体、正在进行实践工作的各位，参与东日本大地震复兴绿化事业的各界人士来说，这将会成为某种方向标。请各位一定参考本书。

赵贤一／爱植物设计事务所社长

前　言

　　我意识到造园这一职业并明确地与它的世界紧紧联系在一起，是始于 1959 年 4 月我进入东京农业大学造园学科学习的时候。在那之后，曾就职于园艺公司的造园部，也在与大规模开发相关的造园施工公司工作过，1973 年成立爱植物设计事务所直至现在。

　　这本书，是把我从我与造园现场接触直到如今，作为造园家的 48 年的体会所得，以栽植为主线关于造园的思考方法和具体的技术要点，为尽可能让更多人能够理解，穿插实例，简单易懂地总结出来的。

　　"文武之道"，说的是学问和武艺的两方面，而对于在现场应用各种各样知识的造园来说，特别重要的是相对"文"来说科学性的知识与相对"武"来说现场的行动不偏离犯错。对造园来说，必要的知识范围很广。除生态学、植物学、分类学外，与植物素材的形态、繁殖相关的知识，再加上城镇、乡村的形成以及当地人们的生活方式等关于社会环境的基础性的知识，城市规划、建造等相关的土木工程知识，与植被相关的图、表的识读及植物的配植手法等知识，为让人容易理解，规划、设计图纸表现、美学等素养都很需要。

　　但是，单单拥有这些知识还不能完全胜任造园家。只有在现场，能融会各种各样的知识，用具有生命的植物把风景如画卷般展现出来，才能够被承认为一个合格的造园家。并且要能够在现场，把自己的想法让业主、施工者、生产者都能够轻松理解的充分表达的交流能力也是必需的。

　　因此，作为实践学科的广度与深度俱存的造园专业，对一般人来说固然如此，即使是对于想成为专家的人来说，也是很难看清其全貌及专业性的。而反过来也可以说，谁都可以自称是造园专家。

　　关于具有这样体系的造园的专业性，本书特意以造园特色所在的植物使用为核心，以造园必要的基础性知识为直丝，而横丝则是用我做过的相关的具体实例，将两者交织在一起进行解说，以这种对初学者来说也能轻松掌握的方式，来构成了丰富的知识和经验都十分必要的造园的全貌。

　　由于篇幅的关系，关于各个知识点的信息与技术的表述都停留在相当基础性的内容上，因此如果读者要得到更详细的信息，请再参看相关的专业书籍。另外，所记述的内容，是以我个人的体验和成果为依据，在学术上难免有所错漏。而本书介绍的实例，也是以总在变化的"生物"为对象的，与之对应的方法、结果也是多变的。因此，读者直面的各个项目的答案，只能是各自理解以应对，而如果本书能成为一个有用的参考则是笔者的荣幸。

目 录

第 1 章　背景与原则 ········ 0 1 5

第 2 章　植被与风景 ········ 0 3 9

第3章　栽植规划 ········ 059

第4章　栽植手法 ········ 079

第5章 栽植材料 ········ 127

造园家的称号

造园家这个名称，是为了让人舒适生活，主要是以提高室外空间的环境质量为目的，使用自然及人工要素，进行规划和设计的专家的称号。作为同义语所使用的风景园林师这一名称，是 1858 年在纽约中央公园的设计竞赛中获奖的奥姆斯特德（Frederick law Olmsted，1822—1903）作为新的职业种类所提倡的，提出它是在以往庭园建造基础上，还要考虑自然环境和社会环境的协调，以便使更多的人能同时接受的环境营造的专门职业，并以此职业的第 1 人自诩。

景观（landscape）是 land（土地）与 scape（风景）的合成词，指的是风景、景观、眺望的含义，在造园技术方面则具有种植树木进行美化的含义。

在日本，风景园林师这个新名称被造园界所知是始于 1972 年开始的"列岛改造计划"的时代。在那个造园相关人士竞相参与大尺度的土木工程、造园设计者也参与到大规模的土木工程和建筑设施的设计中的时代，探讨寻找能代替与园艺师的角色重叠的造园家的新名称的造园相关人士，最快地接受了这个名称。因此，现在的日本主要是造园家在使用这个职业称呼，但是在建筑师中，以及参与建筑物周边土地利用或是构筑物设计的人中间，以风景园林师的名义参与其中的人也不在少数。这种情况下，在同一项目中，技术的优劣和评价的角度不同的造园家和建筑家，就变成以同样的风景园林师的身份参与了。为了解决这种模糊关系，在欧美实行把景观技术的专业性分为主要负责人工物的硬质景观和主要负责自然物的软质景观。

具体来说，硬质景观的对象是与建筑本体密切相关的建筑物周边的人工性的铺装、台阶、平台、连廊等，这一部分主要是由建筑相关专业的技术人员主导，而由造园家负责的软质景观，除了栽植，还包括使用自然材料的石组、铺装、挡墙等，也包括自然的地形和水景，要承担综合周边的风景和自然环境整体性，有意识地形成新的风景的任务。

美国倡导的某主题公园在日本建设时机制，其也明确地分为硬质景观和软质景观。在这样的需与公园主题吻合，重点是贯彻以栽植为手段创造具有到场之感的建设项目中，与建设相关的主要部门，分为土木（civil）、建筑（architecture）、场地开发（area development）与景观（landscape）四部分。其中，土木部、建筑部、场地部负责与人工物的设计相关的景观部分，属于硬质景观。栽植是与自然风景的构成相关的软质景观的领域，由从属景观领域的造园专业的技术人员负责。另外，在日本不太听说的场地开发的作用，与日本所谓的外部构筑相近，但不包含栽植这一点是很大的区别，承担铺装、门、围挡、路灯、连廊等与土木、建筑紧密联系的相关部分。这个项目虽然地处临海填埋地这样的恶劣环境，但也在比较短的时间内创造出了绿量丰富、别有天地的风景。项目架构中把栽植这一使用本身是生命体的植物的造园独特的职业种类与其他专业并列并使之独立，使造园家的专业技术能够充分发挥出自身的力量，在这样的架构下，实施栽植的意义是十分重大的。

利用自然环境创造宜人的场所，与造园关系紧密的建筑、土木等总体的协调是个大前提，但把当时协同工作的建筑、土木、造园等的专业性，事先分成硬质景观与软质景观，这种方式很容易组织起明确其各自的作用的联动体制。在这时的日本，如果景观这个词本身不太被人理解的话，使用造园家这个日本固有的职业名称来说明软质景观技术人员的身份，会比较容易与硬质景观的技术人员协调工作。

"造园家是沟通科学与艺术的桥梁"，美国的女性造园家布伦达·科尔文曾说过。意思是，理想的风景是如画的风景，而软质景观的根本所在造园栽植，就是用植物作为绘画的工具，描绘出实际的风景的技术。这种情况下，把健康培育植物的科学性知识与借助栽植形成如画风景的艺术性的一面进行整合，是造园家的职责所在。特别是艺术性的一面，从风景中受到的感动以及亲切感不是单单靠读书或是谈话就能获得的。关注从日常行为到大千世界的森罗万象，具有充分调动想象力的能力是很重要的。

1878 年到访日本的英国人伊莎贝拉·伯德曾说"日本国土全境像庭园一样美丽"，虽然在造园相关人士的聚会等场合现在也经常说起，但现实中，这美丽风景的中心里山的风景，伴随着生活基础活力的低下，荒废褪色，在全世界得到好评的传统日本庭园也作为观光庭园被遮挡包围，继承这些庭园建造技术的造园师，其技艺在公园及城市绿化中也没有得到应用，现在马上就要失传了。而在另一方面，少数残留的自然景观、美丽的乡村、古都的风景、神社寺院以及传统的日本庭园，被登录为世界遗产，游客络绎不绝。

这样的现象也可以干脆地说是时代变迁的结果，但对于守护美丽的风景、以种树为手段进行美化职业的造园家来说，是感到惭愧的。荒废的风景修复得像过去的庭院一样美丽的国土很不容易，但这次由于震灾，东北地区特有的美丽的海岸线的绿化、农村村落，本就稀少偏又损失惨重，不正是造园家以此为契机，团结一心，为复兴我们美丽的国土全力以赴的时刻吗？

本书的构成和内容

"第1章背景与原则"中，把日本自然的多样性以及土地的种类，以山林、乡村、城镇进行总括，并在再认识了巧妙地利用这些土地的先人的智慧基础上，从水循环、生态系统保护、与生物共生等角度，总结了作为现代造园家为继承这些优良的传统的要点。

"第2章植被与风景"中，针对作为造园栽植不可缺少的基础信息的日本的植被，为使其在造园规划及设计中更容易使用，把焦点对准人类居住地的区域植被，对各个区域的特征植物群落，将目之所及的风景进行了介绍。

"第3章栽植规划"中，在论述了由日本的风土培养出的自然观及美学意识等的基础上，论及反映以上意识的日本造园特色。然后，展示了对推进造园规划特别重要的植被的保护及代偿度的思考方法，通过乡土植物、外来物种、栽培植物的应用、四季变化、视距、时间的推移等等，就植物景观演进的要点进行了叙述。

"第4章栽植手法"中，就植物的自然分布区域与植物栽植的分布区域，论及园艺师的技术及栽培的适宜时期，就在造园栽植中追求"本色"的对策及配植手法，以及节点空间的重要性进行论述。接下来，展现了城镇多样的绿化方式，并介绍了各个类别的实例。最后，也说到了成为庭园点景的工作物及摆放物品。

"第5章栽植材料"中，在论述了成为造园植物的对象的种及欣赏其美丽的方法后，就作为材质材料的规格的使用方式、关于名称的注意事项等进行了解说。最后，整理了造园植物的区分及其特征，就栽植中碰到的要点进行说明。

"第6章监理与运营"中，论述了在使用没有统一的规格，总是处于变化中的植物的造园栽植中，面向作为目标的风景构建，把一贯性执行到底的监管体制的不可欠缺，以及掌握关键的造园家的作用。

"第7章植物管理"中，论述了管理在守护着造园作为艺术的本质，在这过程中把时间的流逝变成伙伴的顺应型管理是十分重要的，确认了对使用植物的造园来说没有结束这一造园的特质。

背景与原则

日本的风景是山、乡村和城镇的绿化的整体

在日本，把狭窄而地形复杂的国土，在土地使用上大体分为山、乡村和城镇，这种有效而经济的分区使用至今。

日本的山大都比较陡峭，自然灾害发生概率较高，但因为由草本层、灌木层和乔木层等组合而成的多层结构的森林覆盖了地表面，可以抑制水土流失并涵养雨水，由此保护了乡村及城镇免受灾害侵扰，稳定地提供了农业用水和饮用水。因此，生活在山上的人以及在山麓地区从事农业生产的人们自古以来就形成了这样的智慧：山是不可以随便进入的神圣场所，人与其要保持一定的距离，从而与大自然和谐共生。日本崇拜自然、敬仰山岳的信仰由此衍生并流传至今，山在日本各地都被视为珍重之地守护着。另外日本的山是众多野生动植物生存繁殖的发源地，它维持着世界罕见的多样生态系统。但是近年来，随着道路的整修以及设备的日益先进，普通民众进山越来越方便，那些崇拜自然、敬仰山岳的人们更是频繁登山、观察自然或者采摘野菜等，因此有人担忧过度的人为干扰会导致山林荒废。

乡村的地形比较平缓，也容易获得邻近的山、造林地及杂木林等形成的身边的里山 ① 所涵养的水和产生的有机质肥料，因此水旱田等以生产为目的的植物景观广泛分布。另外，作为山岳信仰的祭祀场所点状分布的，由原生种形成被称为"镇守的森林"的神社林，以及人为管理的杂木林和水田等，是孩子们接触野生动物、野外游玩的好

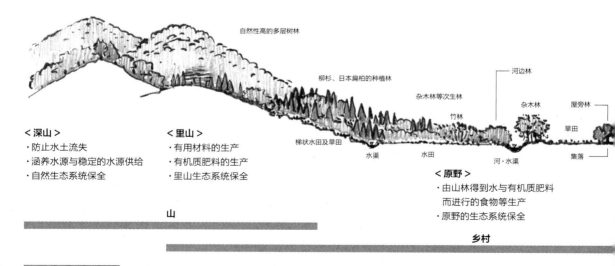

---

① 里山，最初指的是村落附近的山坡林地，可为村民提供传统的薪材、菇、笋、野菜等食材、水源、落叶堆肥等生活所需。现在，里山一词扩大涵盖了农村聚落以及周围环境的整体环境，诸如次生林、稻田、果园、草地、灌溉沟渠、池塘、牧场等多元的农业生产地，有些还含有人工湿地等。——译者注

去处。在那里每年都会开展除草、烧荒等农田作业，这孕育了多样的生物相与季节性的祭拜等的同时，陶冶了人们幼年时期的情操，加深了生活于该地区人们之间的纽带感，从而形成当地成熟而特有的里山文化。

城镇，是在对水运有利的河川和海洋附近广阔而平坦的土地上，通过有计划地配置建筑物、铁道、道路和公园等，可以使人们效率提高、活动方便，大范围地建造、改变而成的受人为支配的场所。在这样以人造物固化下来的城镇里，我们所追求的主要绿化功能，是治愈心灵创伤等精神卫生上的作用，它同时又有可以抑制中心城区热岛效应的效果，承受短时集中强降雨雨水的涵养效果也很可观。另外在人工化的市区中得以保存的自然性较高的绿化，以维持野生动植物多样性为目的的策源地作用也十分显著。

如此，从自然的山林，经半自然的乡村绿化，到人工化的城镇绿地，这种土地利用的形态是建立在充分了解大自然的灾害和恩惠的基础上，谦卑地与大自然协调共生的日本人的自然观中衍生出来的必然产物。这样的山—乡村—城镇的土地利用的结果所形成的绿化总体，孕育了日本独特的文化，作为具有日本特质的风景深深地印刻在人们的心中。我们继承并持续发扬这种先人创造而来的，人类与其他生物永续共生的山—乡村—城镇一系列的土地利用，就是保护了日本国土的风景和生物的多样性。

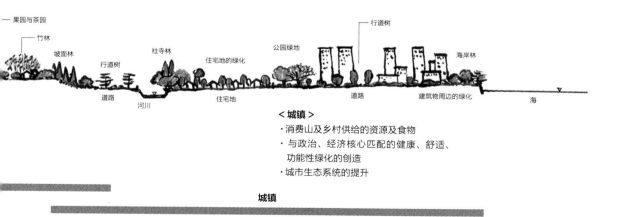

< 城镇 >
· 消费山及乡村供给的资源及食物
· 与政治、经济核心匹配的健康、舒适、
  功能性绿化的创造
· 城市生态系统的提升

城镇

维持草地空间

　　早期从陆地分离出来的日本，过去占有优势的植被类型是草原，大量的大陆性的动植物曾以此为栖息地。之后，随着气候的变化，森林化进程使这些动植物急剧减少，它们虽然还在火山地带、喀斯特地貌地区、高山带、海岸、河岸地带、崩塌地带、火烧迹地、风倒木迹地等有限的自然地，或是在人为管理的牧场、草场等地生息繁衍至今，但如今这些草地的急速减少导致了很多的草原性动植物面临着灭绝的危机。

　　这些草原型的风景，现在还在村落周围，作为生产空间的一部分，靠烧荒或是定期割草而精细地维持着，但可以说这些空间已经呈现全面缩小、衰退的倾向。

　　造园中的绿化，也大体分为森林空间和草地空间，而将这些空间巧妙均衡地进行组合成为造园关键点。草地空间根据高度，可分为低茎、中茎、高茎的草地，分别以日本芝草、白茅、五节芒为代表物种，因植物的构成不同可呈现出不同的风貌。

　　这些草地的管理，是以停止草地群落演替为目的的割草为主要手段的，特别是以游人进入为前提的公园或是庭园等地的低茎草地，是以频繁地割草为前提的。以东京为例，对于只有日本芝草或高丽芝草的草地的维护，入侵进来的一二年生草的清除和每年 20 回左右的割草是必需的；而对于容许其他草木类入侵的草地，以每年 4 ~ 6 回的割草作为标准也是可以的。另一方面，在自古以来大面积进行割草管理的农田的田埂、河流的堤岸以及草场等中茎或高茎草地，除割草外，每年一次在早春烧净枯草的烧荒为世人所知。烧荒，不能简单说仅是对割草的单纯省力化，它还可以将靠割草无法除去的细碎的草渣（地面堆积的植物残体）以及潜伏其中的害虫和病原菌也烧除掉，因此防治病虫害效果十分显著。烧荒之后地表的通风效果得到改善，阳光充分照射，由此促进了草地春季健康的发芽，因此在五节芒的草场、苇帘的生产地等地，烧荒作为早春的风物诗被人喜爱，京都的若草山、阿苏的放牧地等地烧山甚至成为观光的对象。除了野烧、山烧等词语外，野火、芝烧、草烧、畦烧等等作为早春俳句的季语深深地印刻在日本人的审美意识里。

　　这样烧除枯草的风俗，不单单是为了割草的省力化或是消减产生的废弃垃圾，它对维持生态系统平衡、农村文化及景观的保护效果也很显著，因此笔者希望能够把具有宽阔草地的公园或绿地也涵盖在内，在各种各样的场所中来传承这种做法。

在作为齐胸高的高茎草地代表的五节芒草地里，混生着像野绀菊等秋天七草和败酱、日本毛连菜等。该类草地作为茅草屋顶材料的采取场被称为茅场，也是螽斯、日本纺织娘等昆虫的栖息地，靠一年一次的割草或烧荒维持现状。

作为齐膝高的中茎草地代表的白茅草地里，混生着艾蒿、尖叶胡枝子、马棘等。通过一年2次割草或是早春的烧荒进行管理的土堤或是原野等，成为整片白茅覆盖的银色世界。

作为踝骨以下高度的低茎草地的代表日本芝草地里，混生着蒲公英、庭菖蒲、车前等。在公园等的草坪地里，充足的光照、高频度的修剪、适度的踩踏组合起来，芝草成为优势种（照片远处），而频繁踩踏或是在阴影处车前等较多（照片近处），而在踩踏较少、修剪也较少的地方，蒲公英、庭菖蒲等比较容易入侵。

每年，在晴朗无风的早春进行的烧荒，是维持健全的草地系统的重要措施，与稻田的烧荒一起成为里山的田园诗（2月，千叶）。

森林产生的表土守护着我们的国土

地球上，像沙漠和草原那样即使能长草却无法生长乔木的地方广泛存在，具备生长森林所必需的气候、土壤条件的地区相当少，森林的面积不足地球全部陆地面积的三分之一。但是现在，据说数量本就不多的森林也在以每年相当于日本国土面积的20%的速度在消失。

森林中，像网眼一样延展的根和在林床上积累的落叶层防止着土壤流失，承受降雨并向地下积蓄渗透，进而一边净化一边慢慢地向山麓流出。另外，积累的落叶和动物的尸骸，形成了植物生长不可缺少的营养源——表土。

日本大部分的森林土壤是温带湿润气候下的森林植被所形成的呈弱酸性的褐色森林土壤。表土，是森林里的树木的落叶、动物的尸骸等经过风化、分解后堆积在表层，有机物含量丰富的土壤。它不仅是含有营养成分的土，而且是未分解的有机物经分解后生成的新的土壤，是与生命体共生着的有生命力的土壤。1克表土内约有数以亿计的好氧性微生物与土壤动物共同生存，包含着由这些生物生命活动分解而得的养分的土壤在森林中积蓄，持续养育着森林进而形成更多的表土。但是，即使是在条件优厚的森林，要形成厚度达到1厘米的表土也要经过一千年的时间。

幸运的是，即使日本有众多的城镇用地和农耕地，绝大部分国土都处于可以形成森林的气候带上，国土的70%都被森林覆盖着。日本人通过把这森林中生成的宝贵的水与表土，持续地运到自身无法产生养分的农田中，从而稳定地获得粮食。日本能够在狭窄的国土上历经二千年构建独特的文化，只能归因于孕育了富饶的、能够生产出足够延续自给自足的生活的表土的森林。

但实际上，按国民人均森林面积来算，日本就成了森林资源匮乏的国家了。另外，远远望去（貌似）优美的森林总体上也处于逐步荒废的状态中。与国土保全密切相关的造园家，不应该忘记日本繁荣发展至今是森林尚仍保持有机物的生产力的这个历史事实，要保护既存森林的完整性，为创造新的森林贡献力量。因此关于森林形成的表土[注]，这样的认识不可欠缺：①表土不单单是富含有机质的土壤改良材料，同时还有土壤微生物生存其中；②不论何种开发均应最优先保护包含表土的自然地形和既存树木；③要十分留意可成为表土资源的有机物的生产量大的森林的创造；④要有这样意识：即使原有的表土仅仅残留了1m²也有大量的土壤微生物可以生长，从而保留了表土能够再生的物种；⑤无法避免地形改变的情况下，应该提出进行表土的采集与恢复的方案并进行实践。

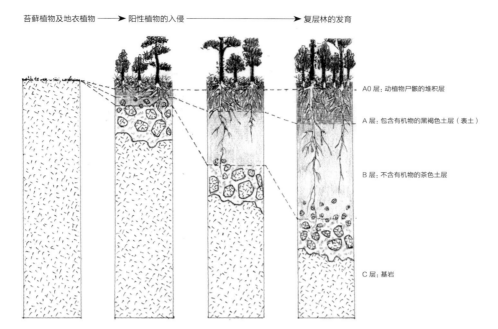

苔藓植物及地衣植物 ——→ 阳性植物的入侵 ——————→ 复层林的发育

A0 层：动植物尸骸的堆积层

A 层：包含有机物的黑褐色土层（表土）

B 层：不含有机物的茶色土层

C 层：基岩

土壤的发育与构成

说起表土，通常是指受水与空气较大影响风化后的土壤，是包含还在持续分解的植物的落叶、枯枝和动物的尸骸等有机物，以及大量有助于该分解的土壤动物和微生物的暗褐色至黑褐色的 A 层。它的厚度大约 30～40cm，树木的大部分根系分布在此层。它的下层，是土的母体材料，含有风化的矿物质、腐殖质较少的 B 层，B 层下面是由基岩构成的 C 层。

在腐朽的砍伐树桩上扎根的日本花柏实生苗，不久后将成为下一代森林的主体树

在常绿阔叶树林带的落叶堆积的 A 层发芽的枹栎，形成落叶树的森林，随后常绿树入侵，最终形成常绿的复层林

在常绿阔叶树林带下部的楢栎、昌化鹅耳枥林的林床上发芽的日本山毛榉实生苗将成为下一代森林的主角

[注] 表土：分解有机物的土壤动物栖息的土壤，是被称为表土的森林或树林的表层部分的土，在德国，这样的土被称为母土，对于工程项目事先有计划地收集开发对象地区的表土，在工程竣工后将其归于原处是法律上应尽的义务。其中展示的表土保护的做法有：①将相当于表土的 A 层作为采集的对象，尽可能除去堆积的土壤中的根和岩石等杂物；②为防止土壤中的生物死亡和减少，不用重型机械等碾实压硬，将其堆成高 1.5m 以下长条梯形的形状，在其表面以结缕草、草席或是木屑覆盖；③为防止堆土过湿，在周边围以排水沟；④工程完成后要快速覆盖全部作业面，用表土均匀铺设其上，等等。

让水在自然的水循环中焕发活力

如俗语所言，善治水者方能治国，作为生命之源的水，是人类最重要的，必须最优先守护的自然资源。

被森林覆盖的山岳上，大气冷却形成降雨，枝叶上承接的雨水，通过覆盖着林床的植物与表土缓慢地渗透，成为涌泉或溪流，绵绵不绝地在下方流淌出来。水中含有在这个过程中从土中溶解出来的矿物质，成为安全甘甜的饮用水，并且滋润着水旱田地，养育着农作物。在向下流淌的过程中以各种方式被利用的水再次被返还到河川中，而这个过程中被污染的水，也会在继续向下流淌的过程中通过在河底的砂石表面栖息着的数以亿计的好氧性微生物和众多的水生动物得到净化，保持了良好的水质。江河汇集众多的支流形成大河注入大海。含有铁分和矿物质的水养育着沿岸的海草，众多的鱼类和贝类在此栖息。接下来从海洋、河川和大地蒸发的水回到空中，再次成为雨水降临大地。这就是自然的水循环。

日本人发挥被海洋包围的山岳地带的特性，顺应着这巨大的水循环，凭借有机连接的山—乡村—城镇的土地利用，避免了国土劣化而可持续地维持下来。特别是支撑国民粮食的水田，从平原到山地广泛分布，以狭窄、坡地众多的国土实现了暂时滞留降水的堤坝的效果。

可是现在，我们的祖先创造至今的智慧水循环的构成正在到处出现着破绽。由于地形的改变和砍伐而遭受苦难的山体绿化，无法抵御集中暴雨，导致表土流失，从山上一气冲刷下来的泥浆和砂土填埋堤坝，令河川泛滥。在乡村，因农田里使用的化学肥料、农药导致污染的水，使众多的生物减少甚至灭绝，用水泥固化岸边和河床而变成泄洪沟的河川，失去了净化功能，污染水体引发赤潮，引起海滨腐蚀，威胁了鱼类、贝类、海带以及牡蛎等的生存。

如此，关于自然水循环的问题，因其是从极其大的尺度直到微小的物质由复合性的关系合并引起，它的原因很难被肉眼捕捉。因此当人类注意到异变时，很多时候已经恶化到了无法恢复的状态了。

与土地利用规划、设计相关的造园家，首先必须归于自然水循环的原点，即努力使雨水向土壤中渗透，在任何的场合，都必须让水处于巨大的自然水循环进程中某个合适的位置。

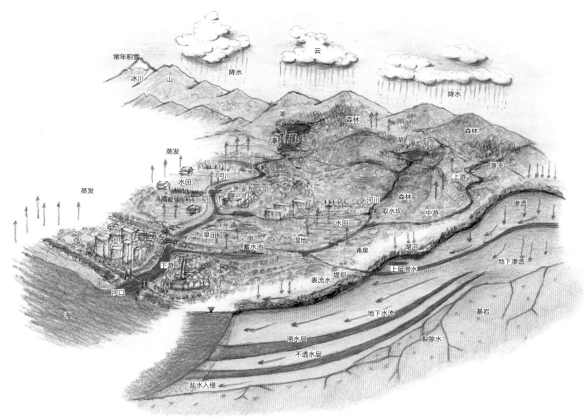

水循环概念图

屋久岛的水循环

位于鹿儿岛县佐多岬以南 60km 的海上，与标高超过 1900m 的宫之浦岳作为主峰的高山相接的屋久岛，能让人实际感受到自然水循环。

森林覆盖的山岳冷却大气，从温暖的海上飘来水蒸气形成雨云覆盖上空

如此日复一日，年降雨量达到 8000～10000mm，岛上如此大的雨水量以至于有"每月下 35 天雨"这样的形容

雨水被苍郁的森林和林床上厚厚的苔藓承接，饱和的水形成一道道的清流向下流淌

河水注入四周宽阔的海中，被临近亚热带的气温加热，成为水蒸气向上蒸发

东京世田谷区的大藏绿地，是城市地区少有的以坡面林地划归为城市绿地的，没有人为干涉的常绿树呈复层结构，生长繁茂，幽暗的林床上堆积着枯枝败叶，垃圾随意丢弃，附近的人们也对此表达了种种不满。

大藏绿地的改造规划，从设计开始到施工用了约3年时间。其中最受重视的，是从坡面林的底部涌出的丰沛泉水。规划的基本方针是：让自然水循环的证据——泉水——作为本地区的财富显现出来，同时让荫郁的坡面林恢复到过去以落叶阔叶林为主体的光照好的杂木林的环境，使其再生为让周边居民感到自豪的绿地。

规划的流程是：①让农地、水田与杂木林的组成尽量与过去的土地使用接近；②利用从窨井流入暗渠的泉水建造美化景观的池塘，使其成为水边动植物栖息的据点；③以使少量残存的猪牙花、林荫银莲花得以再生为目标，疏伐荫郁的坡面林中的常绿阔叶树，割除狭叶青苦竹等，让阳光照进林床；④在对于林床植被恢复来说不可欠缺的垃圾清扫过程中，有意识地培养居民们对项目怀有共同的目标，提升他们对项目的热爱，积极寻求本地区志愿者的配合。

过去的土地使用

渗透入坡面林背后用地的旱田、堆肥和生产薪柴的坡面杂木林的雨水，在土地中净化，并且一边溶入矿物质一边向下流淌。在坡脚涌出的水，与地表流水一起经过纤细的水路，滋润着水田。这样由旱田、坡面林、水路、池塘、水田构成的水循环中各种各样的生物各居其所。这是里山特有的人和自然共生的风景。

改造前的状况

伴随着城镇化，坡面林上部和下部的平坦地的地表部分，被道路和建筑物塞满，大部分的雨水都流到铺装面上，在侧沟汇集流入了暗渠。坡脚的泉水，水量已经减少，虽经背后用地残存裸地和坡面林补给还能涌出，但与地表水一起白白流入了暗渠。坡面被常绿树的复层林覆盖，枯枝败叶堆累的地表植被也很单调，在此出没的小鸟和昆虫的种类也急剧减少。

改造后的状况

改造的要点是①通过树木的疏伐和修剪，使相接的住宅和道路变得明朗；②坡面林以常绿树和狭叶青苦竹为中心进行砍伐和刈割；③让泉水在池塘中短时蓄积，然后流入水渠；④为地区居民和来访者设置景观池塘或是坡面林的平台。

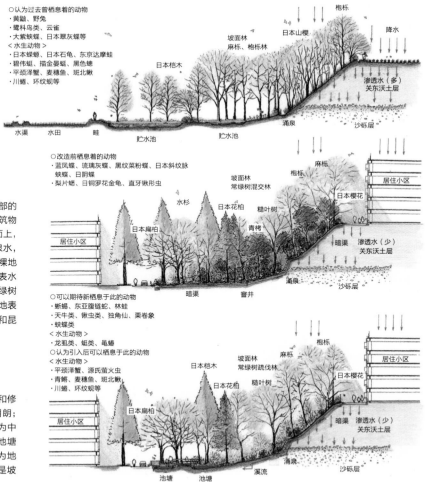

把坡脚直接流入暗渠的泉水（左边）打造为池塘风景的一部分，使其重新焕发生机，设置观赏用的平台。林床上又出现了猪牙花、林荫银莲花

实例 朝日啤酒茨城工厂 以水和绿化款待客人

项目追求工厂参观的设施与提升商品形象相结合的氛围，前庭与周边的景观营造变得极其重要。这个项目，把制造鲜爽的啤酒必需的甜美的水，孕育了甜美的水的植物，养育植物的太阳作为元素，用生物能够栖居的清冽的水、水边的植物和明亮照射的太阳光作为招待来访者的陈设，系统营造了工厂参观的路线。

接待室（左）、工厂（右）以及与之连接的走廊，镶嵌在模仿盛开千屈菜的河滩的大规模水景中

参观工厂前向来客进行事先说明的接待室，从这里可以看到池塘的全貌

由原有萤火虫栖息的贮水池改造而成的萤火虫池塘，静静地坐落在走廊东面的树荫中

为了人类可持续的繁荣保护生物的多样性

　　说起生态系统，是生物、土壤、水、大气、太阳光五种要素保持有机的关系而构成，是植物健康生长，与以植物为食的动物一起持续进行健康运转的自然的构造。生态系统金字塔表达了一个生态系统中捕食、被捕食的食物链关系。在地球上根据地区不同，有无数这样大大小小的金字塔存在，它们相互关联维持着获得整体性平衡的多样性生态系统。人类，可以看作是居于支配这些生物金字塔的顶端之上，但实际上也不得不依存于食物链构造的弱小存在。认识到如果这样的金字塔一旦崩塌，人类的生活也将难以维系，那么人类要想生存下去，就必须要优先于任何事物地去守护这如精制玻璃工艺品一样脆弱的自然构造。

　　生物多样性，是指在生态系统（ecosystem）、种（species）、基因（gene）各个水平上，多样的生物在本来的生存环境中能够保持着相互的关系继续繁衍的丰富自然的全体。对生物多样性非保护不可的理由，在于人类从中受到了莫大的恩惠，即所谓的生态系统服务。它的内容是：①基础服务：所有生命生存的基础，由植物的光合作用吸收二氧化碳、供给氧气及气候的稳定等等；②供给服务：食物、木材资源及遗传资源等资源供给；③调整服务：作为安全生活基础的水土流失防治，由富饶的森林形成的稳定的水供给等；④文化性服务：成为厚重文化根源的乡土的祭典、民谣、地区的食物材料等。所有的这些都是对于人类要健康富裕地生存下去不可欠缺的恩惠。

　　但是现在，世界性的人口增加以及大规模开发已经开始破坏地球生态系统，令人触目惊心，我们已经得到警示。如果置之不理，人类生存本身已经被亮起了红灯。为此，1992年6月以保护动物多样性为目的的《生物多样性公约》在里约热内卢提出。它的终极目的是，使生物多样性的保护成为全人类的目标，作为它的结果，人类能够可持续地得到生态系统服务，把它向全人类公平地分配。可持续的开发，是指为了人类能够生存下去要具有人与自然共生的视角，将人为干扰控制在不使地球的资源劣化的范围内来开发使用。另外在日本国内，制定了由政府、自治体、企业、国民的相互协作以持续地保护丰富自然的新生物多样性国家战略，这个战略在2002年3月的内阁会议通过决议。更进一步，2010年10月在名古屋召开的生物多样性条约第10次缔约国会议（COP10）上，确认了生物多样性不是特殊的事物，任何人都理所当然要予以保护。

　　生物多样性保护的重要性和必要性，如今已经成为世界的共识，已经迎来了对所有的开发来说生态系统保护的视角是不可欠缺的时代。特别是对与自然的开发、保护及创造密切相关的造园家来说，要把人也是在生态系统中生息繁衍的观念根植于心中，不偏重于有效率的使用或是外观的美丽，而是要追求先具有熟知这片土地的自然环境、守护生态系统的固有特性的意识，然后再行动。

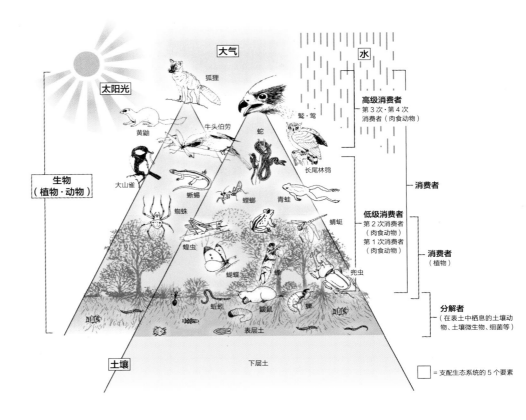

生态系统金字塔的概念图

据称地球有植物（含菌类）约 355000 种与动物约 1088900 种，合计有约 140 万种生物，在与土壤、水、大气、阳光的有机关系中，保持着捕食、被捕食的关系生息繁衍着。表达这样关系的是生态系统金字塔，在日本，以鹫、鹰等猛禽类与狐狸、黄鼬等肉食性兽类为顶点的金字塔为人熟知。支持这个构造的底边是土壤和植物。在为植物提供营养成分的富含有机物的表土中，有使植物与动物的尸骸等有机物向无机物转化作用的蚯蚓、蜱螨等动物和细菌栖息，这些生物被称为分解者。绿色植物吸收由这些分解者产生的无机物，用大气、太阳光和水生产有机物所以被称为生产者。吃植物的草食动物被称为一级消费者，作为二级消费者的肉食动物捕食这些草食动物，接着是三级、四级的猛禽类、大型兽类等，生态系统呈金字塔状向上堆积而成。完成使命的绿色植物的落叶与动物的尸骸在地表再次被分解成无机物，成为新的提供给植物的营养源。

向巢穴内搬运某蛬斯属幼虫的黑穴蜂（冲绳）

没能羽化而成了日本黑褐蚁腹中餐的油蝉幼虫（千叶）

被棒络新妇蜘蛛的网粘住的薄翅露螽的成虫（伊豆）

第 1 章　背景与原则　　　**027**

守护有野生动物栖息的风景

　　风景主要是由地形、覆盖地形的植物与水体构成，其中植物容易与人的视线接触，土地所特有的植物让风景形成了自身的特点。

　　另一方面，动物虽然需要依附这些植物群落而生存，属于配角，但以自身能够行动作为特征的动物，能为所在风景附加深刻印象的不在少数。有动物活动的风景的特征，在于时间的多样性和观察距离的多样性。时间的多样性，是由于很多的动物只能在某个季节或是时间带等特定的时期内看到身影，人们对于它出现的期待感会增加，该风景会因此而成为令人能更强烈地感受到时间推移的风景。而距离的多样性，从辽廓天空飞舞的鸟，到庭院前树林中鸣叫的小鸟，直到眼前需要定睛凝视的蚂蚁或是瓢虫，这种由于作为观察对象的动物不同，远景、中景、近景、超近景，不断变化，可以说这些动物营造出了不可预料的戏剧性的风景。特别是对于动物来说，虽然有很多因在地下或是隐蔽处生活的或者具有夜行性，因此不易被人眼观察到的，但在种类数上相比植物的 27 万种，动物具有 200 万种这样压倒性的种类优势，只有在生活方式、姿态、动作、声音等方面有特色动物的出现才能为我们展现出如此激动人心的风景。因与动物接触而产生的喜悦感，虽然从动物园中的动物或是饲养的猫、狗等也可以得到，但是与野生动物的接触，仅仅是不期而遇就会让人大为感动。

　　但是在日本，因从二战后开始向水田大量撒布农药，青蛙、日本鳌虾、黄缘龙虱、日本大田鳖、鱼类及贝类等众多的水生生物急剧减少，过去在全国都曾繁衍的东方白鹳不见了，在 2003 年日本的朱鹮也灭绝了。虽然这事情经过被详细地报道，至今还在持续灼痛着众多人的记忆，但在不经意间，从我们身边逐渐消失了身影和声息的小动物多到了令人震惊程度。过去在我们的身边理所当然可以看到的，在全国各地的校歌、童谣、歌曲中被亲切地传唱至今的，像红蜻蜓群集的晚霞映红天空的原野，小泥鳅、小鲫鱼生活的池塘，有青鳉学校和萤火虫宿舍的小河，能听到青蛙合唱的稻田，橡子叽里咕噜滚动的杂木林以及众多的生物，虫子合唱的秋天田野，蝴蝶交相飞舞的紫云英田或是油菜花田等等，这些栖息着众多动物、生机盎然的风景，在我们的祖先从具有严酷但又丰饶的四季的自然环境中拓荒建设的田野以及围拥这田野的里山间徐徐展开，现如今却正遗憾地慢慢地消失。

　　绿叶繁茂、鲜花盛开，众多动物出没的风景被千万人所喜好，是因为人类在这样丰饶的环境中才能生活至今的本能反应吧。"花虽盛开却没有蝴蝶飞舞，也没有青蛙鸣叫，也没有小鸟歌唱的现实，是与人类的灭亡联系在一起的，希望大家用肌肤去感受这种种"。这是控诉农药对自然生态系破坏的威胁、《寂静的春天》的作者蕾切尔·卡森女士的语句。另外，开高健这样说道："身边的生物不能安心栖居的场所人类也难以生存，这样的种种

青蛙合唱的主角，东京达摩蛙的数量因农药灾害正在大幅减少

因城市中石墙与草地的减少，人们看到日本特产日本草蜥身影的机会也少之又少了

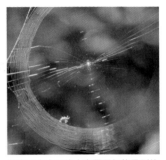

过去日本全国的人家周围都能见到的大腹圆蛛从没有昆虫的城市中消失了身影

1961年制定农业构造改善事业作为提高生产效率的支柱引入了大型农业机械的使用之后，由于被认为不适合这些机械的使用，在终年通水的水田中，采用放水后旱田化耕作的方式成了主流，导致现在几乎看不到这样终年通水水田了。这样做的结果，是在冬季失去避难所的泥鳅、田螺、青鳉、青蛙等水生和两栖动物大部分都死掉了，过去在小河、水田、田埂全体性保护下的多样的生物相急速地衰退了。"冬水稻田"，是在割稻完毕后再次向田里灌水，作为为水中栖息的虫子们提供栖息场所的替代，使它们的粪便、尸骸等有机物返回水田土壤的做法，这是恢复冬季在水田中留存水分的日本古代做法的尝试

排干水后的稻田中只能干巴巴地等死的田螺

除农药外，在水田及水渠中以鱼类、贝类及日本螯虾等为主要食物的鹭类的减少受到旱田化的影响也很大

正在被报告，这些动物从我们身边消失的时候，人们的心在发生着怎样的变化？让我们凝视有形的物质从无形的物质中生成这大自然的神奇，注视我们身边的自然、常见的事物，把常见的珍贵性，作为从小动物传递来的信息铭刻肺腑。趁我们心灵的故乡尚未迷失。"

生境网络
——连接野生动物的栖息场所

　　生境（Biotop），是生物（bio）与空间（top）合成的德语，含义是生物群集生息及繁育场所的生态学用语。但是随着地球的自然环境的破坏和衰退，生境已经转化为具有野生动物生息的处于自然状态空间的意义，更进一步讲，它还演变成了包含有意识地保护及创造像上述空间（生息地）的造景行为。

　　这种情况下景观的要点，首先是对遵守该土地自然秩序的地形、水系及适合该区域的植物群落有清楚的认识，保护、创造作为乡土野生动物的生息地。大山雀、日本树莺与树丛，小鹛鹏、野鸭与湖沼，鹤鸰与河畔草地，大苇莺与苇塘，蜻蜓与广阔水面，豆娘与湿地草原，秋赤蜻与草原，大紫蛱蝶、兜虫与杂木林，平家萤火虫、黑斑侧褶蛙与水田，源氏萤火虫、河鹿蛙与溪流，长瓣树蟋与艾蒿草原，螽斯与五节芒草原，日本草蜥、蜥蜴与有空隙的垒石，青鳉、黑腹鳈与小河或池塘等，保护与创造这些具有各种各样的野生动物生息繁衍的自然状态的空间是十分必要的。但是无论什么动物

生境网络示意图
核（core）：呈片状分布，能复合性地承受包含高级消费者的众多野生生物生息的，规模巨大的自然空间，形成生境网络的核。如深山、里山、森林、湖泊、湖岸、海岬、岛屿、牧草地、草原、河畔草地、水库、水田等。
廊道（corridor）：作为生物的移动空间，连接核与核、核与中转点的呈带状的连续自然空间，也可称为生态的廊道，其自身也成为生息的据点。如河畔林、堤防林带、海岸林带、郊外林带、城镇行道树、小区绿化、绿道、绿篱等等。
中转点（spot）：呈点状孤立的自然空间，因汀步状的连续配置，可以作为生物移动或是捕食场所而具有活性。如神社寺庙林、村庄林、果树园、小树丛、孤植树、屋顶绿地、蓄水池、小区绿化等等。

都不能仅靠其身处的狭小环境生存。要使这些生物世代繁衍持续生存，就要以众多的生物能够复合性地利用种种场地为目的，要让作为生息的核（core）的"面"状场所，以移动为目的的廊道（corridor）的"线"状场所，移动的中转点（spot）如汀步一般连接的"点"状场所这些作为生境网络不被中途切断，必须将地区总体进行连接整合才能保护野生动物的多样性。

以景观整合生物区域

生物区域（bioregion），是指因气象、地形、土壤、生物相及居住人群的生活方式等风土的特质而具有某种特征的地区。它的特征，往往在作为一个生态系统相连接的流域、水系、集水区域或岛屿中旗帜鲜明地表现出来。

生物区域主义（bioregionalism），是一种重视生物区域所具有的风土性，努力使人类的生活方式调和于其中，共同生存发展的思维方式。例如宫城县气仙沼的"牡蛎的森林思慕会"活动就是生物区域主义具体的例子。为了守护河口的牡蛎的养殖环境，以"裙带菜与牡蛎都是森林的恩惠"为口号，修复上游地区的阔叶树森林以供给富含海草生长不可欠缺的矿物质及铁分的水，中止大坝建设，使牡蛎可以健康生长发育的优质的水环境得以恢复。

生物区域保全的基本目标是：①保护并恢复自然的系统；②以可持续的方法获得水、食物和能源；③立足于本地区进行活动。对目标的具体化可以参考日本的里山。因为过去的里山，在从与自然和谐共处而得的合理的土地利用中，得到衣食住等必要物资的可持续生产方式上具有明显特征，这一点与生物区域主义的思维方式是一致的。

现在日本的多数生物区域，已经因随意的开发而遭到破坏、残破不堪了。对于它的修复，只能是在明确了与生物生存密切相关的总体环境的基础上，一个一个地对被开发的场所的保护方法提出具体的方案，分别进行实践。

下图是生活于陡峭的地形与台风多发地冲绳本岛北部集落，以水系为轴的生物区

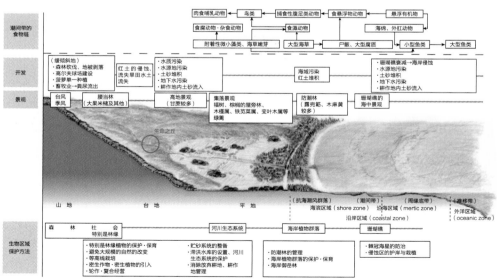

以冲绳北部水系为轴的环境区系模型以及因红土流失产生的影响和对策（齐藤一雄制作，圆圈标记为作者添加）

域模型，以及开发带来的影响及其对策的模式图。在周期性集中大雨与干旱反复出现的台风多发地冲绳，顺应严苛的自然环境而生存的智慧在土地利用中反映出来，创造出了特有的风土景观。这样的土地利用的智慧是：①把狭窄而陡峭的沟谷地形作为集水区域加以保护以抑制土砂的流失，所得之水作为生活、生产之用；②在开敞向海的山麓平地的海洋一侧种植防潮林，在它的背后部分设置村落、耕地及公用水井等；③在环绕住宅林的住宅地种植自家用的蔬菜、果树等，也可以设置庭园来欣赏。这样，以从山岳到海洋的流域为中心的生物区域的保护成为土地利用的基础。但是，这样由祖辈创造出来的，与自然共存的土地利用原则，在 1972 年以后有了巨大的变化。为了推动开发而引入使用大型重机，实施大规模的土地改造，虽因此改善了县内的产业基础，但作为代价，这些区域特有的细微地形以及在该区域生长的特有植被都消失了。覆盖地表的既存植被和表土一次性被剥离的结果，是大量的红土流失到海中，染红了碧蓝的大海和洁白的珊瑚沙滩，给众多海洋生物生息繁衍的珊瑚礁生态系统带来了巨大的影响，这样的恶果让人至今记忆犹新。

但是也正因如此，为了守护美丽的大海，人们重新认识了祖辈们展示给我们的、立足于从陆域到大海整体流域环境保护的土地利用的重要性，现在以农业和旅游并立为前提，亚热带农业、热带植物以及美丽的海洋风景成为一体的县域风土营造已经开始。

实例 生命之丘　保护、再生冲绳的自然

生命之丘，是与流淌在丘陵地带的河川支流流域相邻，以冲绳的自然与兰花为主题的旅游设施。景观的基础是：①开发是以自然的保护和再生为前提；②从开发过程中到后期的运营整个期间不对下游区域的环境产生负荷；③因开发对周边的环境产生良性影响。该设施已于 1998 年开园。

整治的要点是以下的 8 个项目：

①在最上游设置沉沙池和净化池，以沉淀、过滤从高尔夫球场流入的农药及红土；②作为保护区禁止人进入有《日本版红皮书》* 中记载的冲绳特有种透顶单脉色蟌、琉球琵蟌、圆齿拟丝蟌等 3 种豆娘栖息的上游区域；③改造池底的同时，驱除侵略性的外来种罗非鱼；④在水流末端砌筑围堰，做出全长约 1.3km 的片状水面，从而可以从岸边、游船上观察蜻蜓及水鸟；⑤将 V 字形谷地的堰塞湖特有的陡坡水边，改造成适宜水草生长的浅滩并用山石铺装防止侵蚀；⑥采用现有树木中适宜水边的树种组合进行岸边的绿化，营造水边特有的风景；⑦在重要区域配植蝶类的食用植物及蜜源植物，营

造众多蝶类生息繁衍、漫天飞舞的场景；⑧为了全年可以观赏，以冲绳乡土植物作为本色的风景，在设施周边等处以兰花为中心增加热带、亚热带特有的花木及观叶植物。

* 红皮书（red data book），全球范围内有绝灭危险的野生生物的名录资料。《日本版红皮书》包含 1989 年日本环境厅编撰的动物篇和日本自然保护协会等编撰的植物篇。

沉淀从用地外流入的泥沙的沉沙调整池

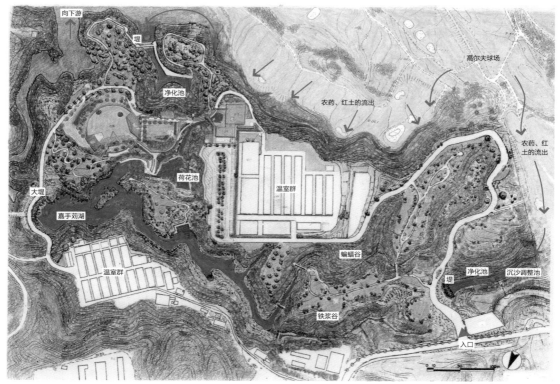

生命之丘平面图

把陡坡水岸改造成适合水草生长的浅滩并用石材铺装来防止侵蚀

砍伐、去除因筑堤淹水的∨字形沟谷坡面的树木

从周边的水渠和池塘移入了乡土的挺水植物和沉水植物的水边浅滩，成为青鳉和蜻蜓幼虫及成虫的繁殖或采食的场所

在水畔混栽玉蕊、琉球树蕨等大型的蕨类植物、乡土兰类等，使其与既存林融合，创造出冲绳特有的水边风景

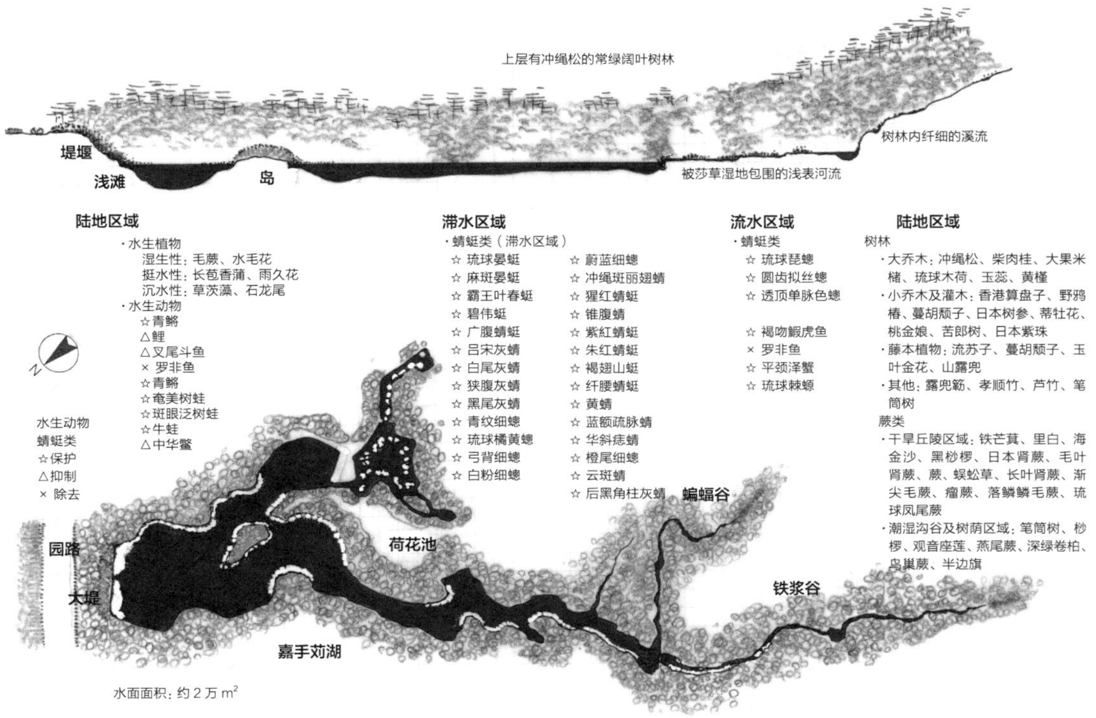

上层有冲绳松的常绿阔叶树林
堤堰
浅滩
岛
树林内纤细的溪流
被莎草湿地包围的浅表河流
陆地区域
·水生植物
湿生性：毛蕨、水毛花
挺水性：长苞香蒲、雨久花
沉水性：草茨藻、石龙尾
·水生动物
☆青鳉
△鲤
△叉尾斗鱼
× 罗非鱼
☆青鳉
☆奄美树蛙
☆斑眼泛树蛙
☆牛蛙
△中华鳖
水生动物
蜻蜓类
☆保护
△抑制
× 除去
N
滞水区域
·蜻蜓类（滞水区域）
☆ 琉球晏蜓
☆ 麻斑晏蜓
☆ 霸王叶春蜓
☆ 碧伟蜓
☆ 广腹蜻蜓
☆ 吕宋灰蜻
☆ 白尾灰蜻
☆ 狭腹灰蜻
☆ 黑尾灰蜻
☆ 青纹细蟌
☆ 琉球橘黄蟌
☆ 弓背细蟌
☆ 白粉细蟌
☆ 蔚蓝细蟌
☆ 冲绳斑丽翅蜻
☆ 猩红蜻蜓
☆ 锥腹蜻
☆ 紫红蜻蜓
☆ 朱红蜻蜓
☆ 褐翅山蜓
☆ 纤腰蜻蜓
☆ 黄蜻
☆ 蓝额疏脉蜻
☆ 华斜痣蜻
☆ 橙尾细蟌
☆ 云斑蜻
☆ 后黑角柱灰蜻
流水区域
·蜻蜓类
☆ 琉球琵蟌
☆ 圆齿拟丝蟌
☆ 透顶单脉色蟌
☆ 褐吻鰕虎鱼
× 罗非鱼
☆ 平颈泽蟹
☆ 琉球棘螈
陆地区域
树林
·大乔木：冲绳松、柴肉桂、大果米槠、琉球木荷、玉蕊、黄槿
·小乔木及灌木：香港算盘子、野鸦椿、蔓胡颓子、日本树参、蒂牡花、桃金娘、苦郎树、日本紫珠
·藤本植物：流苏子、蔓胡颓子、玉叶金花、山露兜
·其他：露兜簕、孝顺竹、芦竹、笔筒树
蕨类
·干旱丘陵区域：铁芒萁、里白、海金沙、黑桫椤、日本肾蕨、毛叶肾蕨、蕨、蜈蚣草、长叶肾蕨、渐尖毛蕨、瘤蕨、落鳞鳞毛蕨、琉球凤尾蕨
·潮湿沟谷及树荫区域：笔筒树、桫椤、观音座莲、燕尾蕨、深绿卷柏、鸟巢蕨、半边旗
蝙蝠谷
荷花池
园路
大堤
铁浆谷
嘉手苅湖
水面面积：约 2 万 m²

生命之丘的水系及其周边可见的动植物

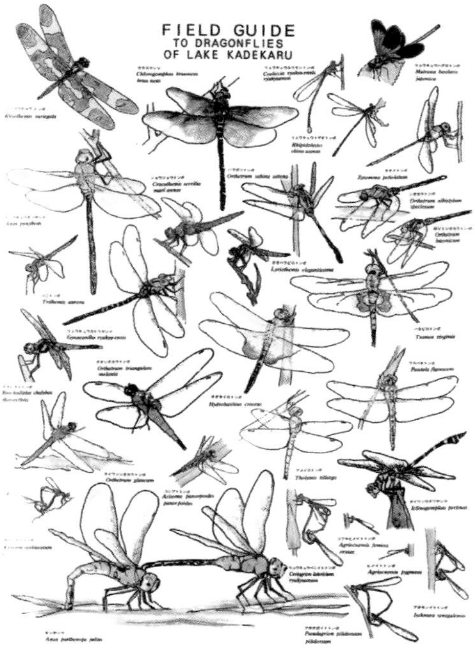

FIELD GUIDE
TO DRAGONFLIES
OF LAKE KADEKARU

嘉手苅湖周边确认发现的蜻蜓类

蜻蜓类，因在幼虫期生活于水中，在成虫期生活于陆地，会因由地形、地质导致不同的水系以及与周边植被的关系，不同区域出现各种各样的种。在冲绳本岛，分布着据称有日本产的 180 种蜻蜓中的 57 种，在这个区域有明确记载的有 47 种，在 1996 年的地块内的调查中，其中上图的 30 种被确认发现。

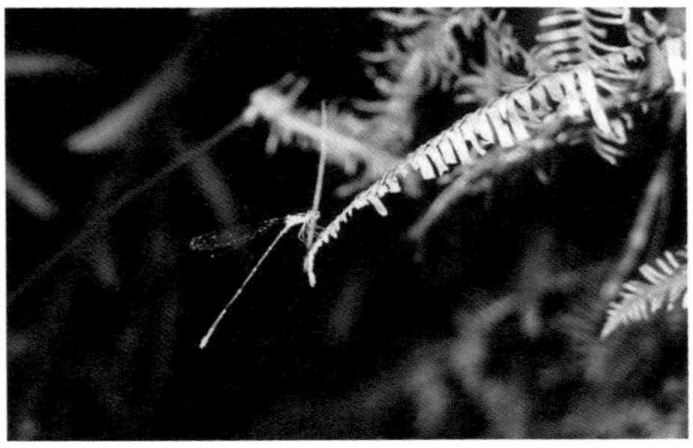

琉球琵蟌。在冲绳本岛只在北部、中部的溪谷中栖息，成虫也喜欢有湿气的稍暗场所，交尾也多在水边的蕨类等上停留进行（红皮书记载种）

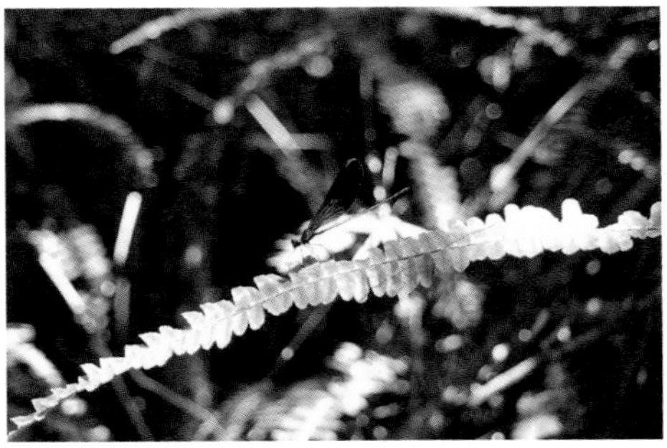

透顶单脉色蟌。分布在冲绳岛北部的溪谷中，栖息在树林环绕，局部有水潭或浅湖的溪流周边，成虫停留在河岸的植物上，在狭小的范围内徘徊（红皮书记载种）

把一条不见水边动物踪影的干涸水渠，复活为有生命的河流的这个项目，是以污水处理厂的整治，可以每分钟提供 1.73 吨的清水为契机开始的。

以前的根川，是汇集从周边的斜坡、崖线渗透而来的雨水流至多摩川的长约 3km 的清流，从江户时代开始就作为休憩场所受到周边居民的喜爱。根川在昭和 10 年（1935 年）为防止泛滥而改造的时候种植了樱花而成为名胜，并作为东京都立川市的绿道进行了整治，但是它的水源随着城市化的进程而枯竭了。

设计的对象，是从最上游部分向下游延伸，平均河宽 30m，全长 1.4km 的区域，制定了要把根川建设成与从前水量丰富的自然尽可能相近的形态的基本方针。

设计的要点为以下 5 点：①河床，以好氧菌及微生物容易附着栖息的土及卵石建造，使最上流涌出的处理水在流下的过程中恢复为含有矿物质及细菌的有机的自然水，之后再放流入多摩川中。②由具有深浅变化的河床形态赋予水流缓急的变化，放置河石以便于鱼及水生昆虫隐匿，营造为多样的生物能够附着栖居的水中环境。③岸边用装满卵石的蛇笼做成护岸，在陆侧种植湿生植物，在河流侧种植挺水植物，使陆域与水域自然地连接。④仅保留很少的一部分常绿树，也伐除了近半数的长势衰弱樱花，使健康的樱花突显出来，同时也让光线到达河面，使多样的生物得以复活。⑤在处理水放水后，捕捉在附近的水渠中栖息着的长鳍马口鱲、麦穗鱼、长体颌须鮈（Gnathopogon elongatus）、兰氏鲫、川蜷、田螺等投放到水流中。

栖息在具有清凉树荫的清流中的黑色蟌回来了，在水面上交相飞舞，在岩石上停驻

引入的长鳍马口鱲在附着苔藓的卵石密布的浅水流中栖息，捕食水中和水边的昆虫，世代交替的子孙形成了种群

在变得明朗的河面上，不怕游人，自由啄食在石上生长的青苔的野鸭一家（以上三处皆摄于 2004 年）

河道的纵断面、横断面都具有深浅的变化，使水流具有缓急的变化，用砍伐原有树木的手法使光线照射到河面，突显已有的樱花，从近处的水渠移入乡土水草和长鳍马口鱲、麦穗鱼、兰氏鲫、川蜷

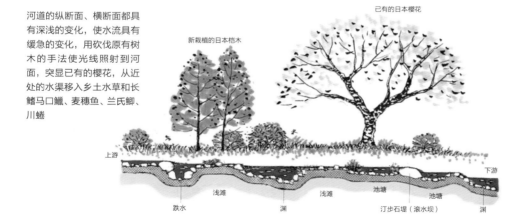

已有的日本樱花

新栽植的日本栲木

上游

下游

浅滩　浅滩　池塘　池塘

跌水　渊　汀步石堤（滚水坝）　渊

改造前

相互竞争、枝梢相接不开花的樱花

不自然的修剪枝

阴暗的林内

灌木化的林床

阴暗的园路

遮挡视线的常绿树

三面铺贴水泥的水渠

▼

改造后

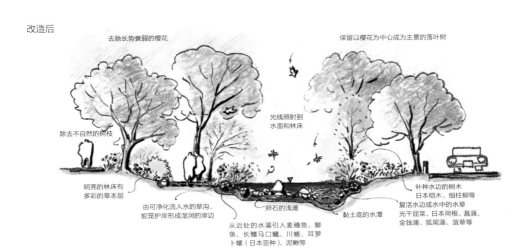

去除长势衰弱的樱花

保留以樱花为中心成为主景的落叶树

除去不自然的树枝

光线照射到水面和林床

明亮的林床有多彩的草本层

由可净化流入水的草沟、蛇笼护岸形成湿润的岸边

卵石的浅滩

黏土底的水潭

从近处的水渠引入麦穗鱼、鲫鱼、长鳍马口鱲、川蜷、耳萝卜螺（日本亚种）、泥鳅等

补种水边的树木
日本桤木、细柱柳等
复活水边或水中的水草
光千屈菜、日本荷根、菖蒲、金钱蒲、狐尾藻、菹草等

改造前（1990 年）

在汇集浑浊脏水的水泥小水渠周边，常绿树遮天蔽日，埋没了樱花，没有一点名胜的样子

改造后的相同场所（1995 年）

▶

去除了常绿树以及日本樱花的衰弱个体，护岸也恢复为自然的曲线，两侧用水边植物覆盖，形成了与过去的根川接近的风景

与葛饰区的都立水元公园东端相接的都立水产试验场，是1935年东京政府利用当时的水元小合溜的水源，作为养殖鲤鱼、鲫鱼等食用淡水鱼的养殖场开设的。在那之后，后续开展了金鱼及其他淡水鱼的养殖及研究，1997年，因研究设施的搬迁，只留下了金鱼的养殖场，试验场完成了它的历史使命。

这个项目，要将约10公顷的水产试验场遗址，与水元小合溜的广大水域以及与之相接的湿地、水边绿地连成一体，改造成为水边生物的观察地。

规划的基本方针是：①利用平缓的围栏及限制使用的规定，防止外来种的入侵、人为携带物种进入及自生种的带出；②以过去的水元小合溜周边常见的水渠、池塘、荷田、水田与稻架木等构成风景，保护、导入适应环境多样性的乡土植物；③管理上以生物多样性的提升优先，自然观察地的使用及运营要积极地让对水元的自然、生物有兴趣的市民、爱好团体等参与进来。另外，具体的设计要点是：①尽量利用养殖池的形态传承水产试验场的历史；②从水中向岸边的形态具有变化使水边的野生动植物的生存繁育环境多样化这两点。这样做的结果是，该地现在已经成为鹭类、翠鸟、小鸊鷉、斑嘴鸭等水鸟及众多的蜻蜓类和野生的鱼类栖居的圣地。

改造前（2000年2月）

与水元小合溜的端部相接建造的鲤鱼、鲫鱼等食用淡水鱼的养殖池

改造后（2006年9月）

挖开一部分养殖池的水泥护岸与小合溜相连，留下的护岸以土堤包裹改造，使急剧变深的养殖池逐渐变浅利用湿生植物与陆地相接，众多动植物的生息空间得到扩张

第 2 章

植被与风景

植被的演替会反映到风景中

演替（succession），是指某一植物群落，因植物体自身的衰退、周围环境的变化或是动物等的影响，向其他植物群落演变更替的过程，造园栽植及植物管理是与演替的构成紧密联系的。

自然植被不受人为影响向其他群落演替的普遍起因，是随着腐殖质的堆积、叶子变得繁茂遮挡阳光照射等等，引起了生长地环境的变化。最初成长起来的植物群落在其生长过程中改变了土质，该土地进而支持新的植物群落，如此群落和立地之间相互作用反复进行，逐渐成为与该环境取得平衡的群落稳定下来。这样安定下来的群落如果没有气候、大地的巨大变动，就不再进行明显的演替。不再进行明显演替的群落，叫作该土地的顶极群落，也被称为群落的极相。

演替中，有从由于喷出的熔岩流、地壳隆起或是地表崩落露出心土等原因形成地表面等，地面因自然的力量变为无机质土地的状态开始的原生演替，以及从树林的采伐地、废弃的农田或工地等，以含有其他植物群落及有机质的土壤为基础开始的次生演替两种。我们日常所看到的绿化，几乎全是上述的两次演替的过程。造园的栽植地对于植物群落来说也是不稳定的状态，因此从栽植一完成就向着稳定的极相森林开始演替。

在造园栽植中所追求的风景，虽然从与极相接近的自然性森林到与之相去甚远的演替初期的草地多种多样，但因人为因素营造出来的造园栽植都是替代植被，毫无例外都要归于自然的两次演替的过程中。因此由造园栽植所营造的风景，总是要顺应着演替的趋势而成立。造园栽植中的目标风景，如果是由顺应该土地的演替进程的植物组成的话，就会很容易随着时间推移而适应该土地，栽植地的管理也会因巧妙利用了群落演替而提高效率，经费也能被控制在较低的水平。相反，与演替进程相去甚远的植物景观，会从自然的绿化中凸现出来，令人感受到异域氛围，但是想维持这种栽植效果，管理项目就会相应增多，同时管理工作的标准也会提高。

如此可见，植被的演替是与栽植和管理紧密关联的。也可以说，对应着栽植目标，在推定该用地植被演替基础上的适地栽植和管理如何进行组合就是造园栽植技术的本质。

群落的演替途径与时间虽然不能一概而论，但可以肯定的是在山茶花区系所在的关东地区，大果米槠、青栲、红楠等组成的自然植被的替代植被草坪地或草地，如果放置不理马上就会变成由春飞蓬、紫马唐等组成的一二年生草本群落，然后随时间推移经历由白茅、五节芒等组成的多年草本群落，转变为阳性的落叶阔叶树组成的先锋性低矮灌木群落，接着经山毛榉、麻栎等寿命长、生长缓慢的落叶阔叶树群落，向这片土地的顶极群落，耐阴性强的大果米槠、青栲、红楠等为优势种的常绿阔叶群落方向进行演替了。

下图是关于剥取了位于山茶花区系的建设场地的表土后该场地从裸地向顶极群落变化演替的各个阶段的概念性图示，表土也会随着演替的进行而变厚。

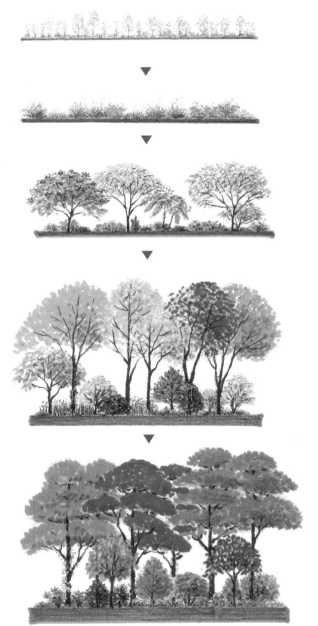

主要的构成种

一二年生草本群落：苏门白酒草、小蓬草、苦苣菜、翅果菊、一年蓬、春一年蓬、紫马唐等；

多年生草本群落：五节芒、狭叶青苦竹、虎杖、野绀菊、尖叶铁扫帚、白茅、艾蒿、茅莓、三叶委陵菜等；

先锋性灌木群落：蜡树、光叶海州常山、野梧桐、樗叶花椒、辽东楤木、日本紫珠、蓬藟等；

落叶阔叶树群落：日本山樱、野茉莉、野鸦椿、琉璃白檀、毛叶石楠、青木、枔木；

常绿阔叶树群落（顶极群落，即极相）：大果米槠、青栲、红楠、山爪楠、野山茶、日本树参、日本女贞、八角金盘、青木、枔木、棕榈。

关于山茶花区系群落演替的概念图

植被为所在的地区风景赋予特征

　　动植物，生存于大气与大地相接的地球的薄薄的表层部分，这样的圈层叫作生物圈。植被（vegetation）是这其中植物的集合，是指作为与地区的气候、地形、土壤、地史以及包括人类的全体生物相互作用而产生的植物进化以及适应的结果，在一定的区域内聚集并生长繁育着的植物群落。

　　植被，可以根据不同的植物种类及构成进行分类，日本植被的多样性世界罕见。究其原因，是由于日本国土的一部分避免了冰河期的影响，再加上一直被海洋包围气候湿润，同时国土位于跨越从亚寒带到亚热带的南北狭长区域，在垂直方向也有从海拔 0 米的平原直到超过 3000 米的险峻山岳，从而具备了各种各样的植被生存所需的条件。

　　具有日本植被特征的植物群落，根据自然植被可以分为偃松群落区系、越橘—鱼鳞云杉区系、日本山毛榉区系、山茶花区系等四个植物区系。这样的区系，如以关东地区的森林带为例，大致情况是海拔在超过 2400 米的高山地带为偃松群落区系，海拔在 1600 ~ 2400 米左右的亚高山地带为越橘—鱼鳞云杉区系，海拔在 800 ~ 1600 米左右的夏绿阔叶林带为日本山毛榉区系，以及海拔在 800 米以下的亚热带常绿阔叶林带为山茶花区系。但是这样的植物区系还不能精确区分各群落类型，日本山毛榉区与山茶花区相接的海拔 800 米左右的地方，可以看到日本冷杉、日本铁杉、日本黑山毛榉以及板栗等具有这个地带特征的种，因此这部分的树林有时也有被叫做作中间温带林区系。另外，山茶花区系也有类似情况，琉球群岛及小笠原群岛的植被作为具有自身特征的亚热带林从中区别开来。

高山带·亚高山带（偃松群落区系·越橘（Vaccinium vitis-idaea）—鱼鳞云杉区系）
提到赋予日本高山以特征的植物首先就会想到偃松。在高山带的下部可以长到 1 米以上，但常见的是在如照片这样风吹强劲的地方，与高度不到 1 米的牛皮杜鹃等抗风灌木混生

夏绿阔叶林带（日本山毛榉区系）
因冬季寒冷而落叶的落叶阔叶林形成了日本山毛榉区系。除日本白山毛榉以外，楢栎、色木槭等乔木类的阔叶树等也是日本山毛榉区系的特征种 *，在中层、下层生长着日本红枫、青榨、叉状荚蒾及日本钻地风等等，以及野葛、卵叶藤绣球等藤本植物和蕨、长穗苔草等草本类植物

* 特征种：是成为植物社会学中群落区分的基本单位群丛的指标的种，它不一定在数量上占有优势，但不会在其他的群丛中出现，只由是否与该群丛中存在潜在的相关性所决定的。

常绿阔叶树林（山茶花区系）

日本的山茶花区系的自然林，是以其特征种青栲、青冈栎、大果米槠、红楠等常绿阔叶树为优势种的树林，在中层、下层生长着野山茶、山爪楠、珊瑚树、柃木以及长节藤等常绿树或藤本植物，下层草本则出现春兰、阔叶山麦冬、红盖鳞毛蕨等特征种

琉球群岛

亚热带林（山茶花区系）

日本的亚热带林是没有旱季的亚热带雨林区系，在琉球群岛和小笠原群岛可见，它们的构成有很大的差异。在奄美大岛以南的琉球群岛有冲绳松、露兜簕、日本蒲葵、红树类等在全境生长，在山岳丘陵地带则有大果米槠、红楠、蚊母树等繁茂生长，混生有琉球树蕨等木本蕨类及琉球矢竹等。而另一方面，在日本唯一的海洋性岛屿小笠原群岛有广布种红厚壳、黄槿、山榄加上混生有特有种的瘤樫（Machilus kobu）、无人姬山茶（Schima mertensiana）、小笠原蚊母树（Distylium lepidotum）等阔叶树，而从树群中突出树冠的小笠原露兜树、小笠原蒲葵、野椰子（Clinostigma savoryanum）等则酝酿出热带的气氛

小笠原群岛

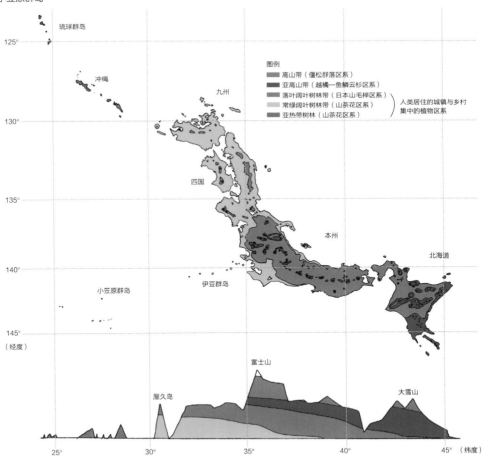

日本的森林带与植物区系

解读地形与植被的关系

　　地形对于植被的影响极大。地形中，有地壳运动及因雨水、风、波浪等引起的侵蚀作用所形成的自然地形，以及人为建设所建造的地表。造园栽植是以保护永久的健全性为前提的，因此它的原则首先是根据栽植地既存的地形状况与新建造的地形的关系来决定栽植的种类。

　　地形的起伏，对土壤水分、养分以及日照的多少有很大的影响，这些会在植被中反映出来。山顶、山脊等凸出部分，一般来说光照好、通风强劲的区域，土壤水分及养分的流失容易造成土壤干燥及贫营养化，因山坡角度的大小及方位不同会有各种各样的植物在不同区域分布生长。另一方，面山麓及沟谷等凹陷部分，风的影响变小而水与养分容易积聚。在洼地形成而土壤水分滞留的地方，生长着日本桤木、日本白蜡树、柳树等，而榉树、日本连香树及鸡爪槭等则生长分布在由向下流动的土壤水供给了生长空间的沟谷的斜坡地上。

❶ 山顶／山脊区　日照强，风大。因为土壤也向下方流失难以积存，同时排水好，气候干燥，所以喜阳、耐旱性的植物群落在此生长。这种倾向在同样是山脊但顶部平缓宽广的圆山脊则会变小。常绿阔叶林带有大果米槠、日本血槠与柳叶槠等，落叶阔叶树林带有日本白山毛榉、楢栎、东瀛四照花、山柳、莸草等，而在它们中间地带的山脊线区域日本冷杉、日本铁杉比较常见。另外，在地形急剧倾斜的尖山脊上，能耐极干旱和酸性土壤的赤松、日本冷杉、日本铁杉、日本榧树、杜松、马醉木、缫木、日本山杜鹃、日本三叶杜鹃等少数种类的树木在此生长。

❷ 山坡区　陡斜坡山坡的土壤土层薄，排水性好，容易受到日照及风吹的强烈影响。越平缓坡面上土壤越深厚，越肥沃，而台地上的土壤侵蚀度也变小了。在承受直射阳光容易干燥的西南坡面，生长着大果米槠、枹栎、栓皮栎、槲树、鹅耳枥类等植物，

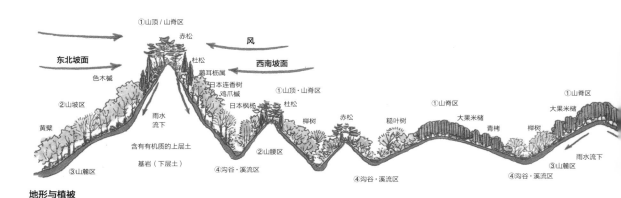

地形与植被

而在比较湿润的东北坡面则是色木槭、黄檗、日本连香树比较多见。在北方地区因积雪留存的原因，随坡面的方向不同，植被会表现出很大的不同。

❸ 山麓区　虽然从山脊、山坡区会流来土壤、雨水，但在陡坡面的山麓地区也有土壤难以积存、厚露出岩层的地方。在那些地方，青冈栎、山爪楠、樗叶花椒、山桐子、旱生钓樟、玉紫阳花、珊瑚树等比较多见。另外在缓坡面的下部，从上部缓慢流来的土壤堆积深厚，以充足的养分和适宜湿度的土壤条件为基础，榉树、糙叶树、日本七叶树、日本厚朴、色木槭、东瀛四照花、灯台树、日本山核桃等树种较多出现，但很多都被柳杉的种植林所置换了。

❹ 沟谷/溪流区　该区域从山脊或是隆起的上部汇集雨水，因此形成喜欢湿润的植物群落。在常绿阔叶林带中有日本领春木、旱生钓樟等，在落叶阔叶林带中有日本枫杨、日本连香树、日本七叶树、榉树、鸡爪槭、裂叶榆、白辛树等树木沿着溪流形成群落。

❺ 台地区　在常绿阔叶树林的自然林中，沿海地区优势种为大果米槠，内陆地区优势种则为青栲、榉树、糙叶树等的情况较多，但因地形比较平缓土壤不易侵蚀、开垦容易，所以往往被置换成了枹栎、鹅耳枥属、麻栎等的次生林、日本扁柏等的植林地或是果树园等生产用地。

❻ 低地区　海拔低且基本平坦的土地雨水与养分不易流失，因肥沃而湿度适宜的土壤条件，常绿阔叶树林的自然林成为以红楠为优势种的植物群落，但因土地的生产力比较高，所以很多地方被农田、果树园等耕作地所置换。

❼ 湿地区　地下水距地表较近，经常湿漉漉的，因此生长着日本桤木、柳树等喜欢湿润的树种或芦苇、宽叶香蒲等湿生植物群落，但其中一多半都被水田或荷花田置换了。

❽ 浅水区　池塘、湖泊湖岸等阳光容易照射到的浅水中，生长着湿生性、挺水性、沉水性、浮叶性、浮水性等多样的水生植物。

❾ 深水区　湖泊等深水中光线难以到达，只有有限的沉水植物可以生长。

如上植被因地形条件形成不同的植物群落，因此新栽植的植物，不论是乡土的植物、外来的植物还是栽培品种，要选择与地形状况相适应的种类栽植，因为直接关系到植物的健康生长。

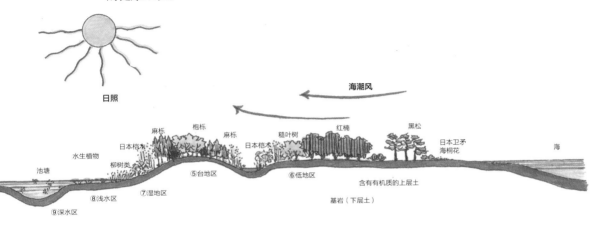

人类居住的植被区系与相观
（群落的外貌）

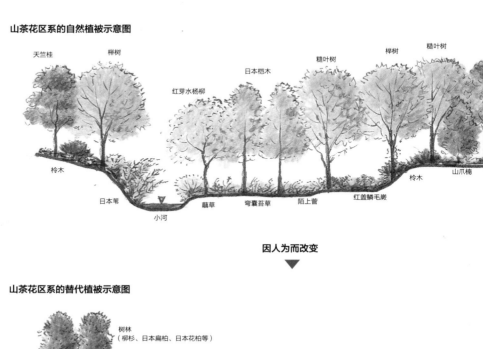

山茶花区系的自然植被示意图

天竺桂　榉树　日本栲木　红芽水杨柳　糙叶树　榉树　糙叶树

枹木　　　日本苇　藕草　弯囊苔草　陌上菅　红盖鳞毛蕨　枹木　山爪楠

小河

因人为而改变

▼

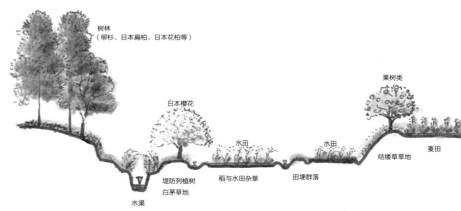

山茶花区系的替代植被示意图

树林
（柳杉、日本扁柏、日本花柏等）

日本樱花　　　　果树类

水田　水田

堤防列植树　稻与水田杂草　田埂群落　结缕草草地　麦田
白茅草地

水渠

　　某一片土地的原风景，是由山石及土壤形成的地形和覆盖地形的水及植物为主体构成的。其中显露于阳光之下生存的绿色植物，形形色色的种相互竞争形成特定的植被类型覆盖着地表。这些植被因其最上层的植物的样貌不同而予人不同的印象，这称为植被的相观。

　　另外，在植被中有没受到人为影响形成的自然植被，以及直接或间接受到人为的影响被其他植被所置换的替代植被，这些植被组合成某地区所特有的植被相观，给在当地生活的人们带来安心感和亲近感，为从其他地区而来的人们提供了这片土地的识

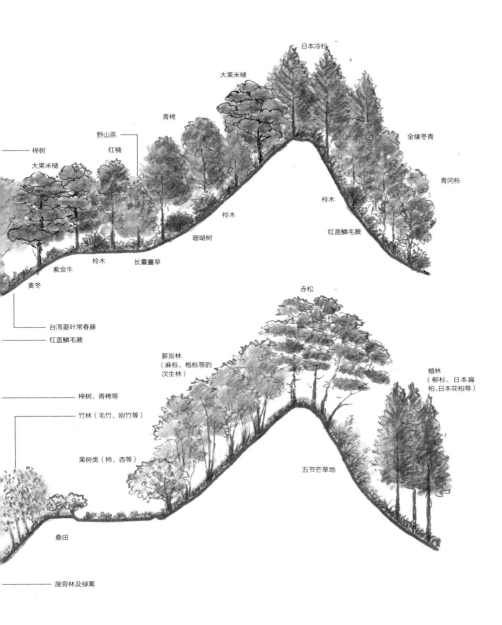

别特征。上图是关于山茶花区系的自然植被与它的替代植被的构成的概念性示意图。

  日本是名不虚传的森林的国度，从亚寒带到亚热带的全境几乎都具备各种植被类型生长所需的气候条件。这些森林主要随海拔及纬度的变化而由不同的树种形成，这个不同以森林带进行区分。植被区系与森林带不会严格一致，但大体上越橘—鱼鳞云杉区系是常绿针叶树林，日本山毛榉区系是落叶阔叶树林，山茶花区系内则生长着常绿阔叶林或亚热带树林。

  这些区域中，作为大多数人生活的据点的是气候比较温和的落叶阔叶林、常绿阔叶林以及亚热带树林分布的区域。

1）落叶阔叶林带（日本山毛榉区系）

　　在日本山毛榉区系生长的落叶阔叶树林，是东日本的代表性树林，覆盖着东北地区一带，北海道西南部的广阔范围，以及关东地区海拔 800 ～ 1600m 的山地，在从关东以西、四国、九州直到屋久岛等的山顶部分不连续地分布在高海拔的山地。在这些地区因冬季的寒冷落叶的温带树林生长繁盛，落叶阔叶林带在世界范围内则分布在欧洲中部、美国北部、加拿大东部以及中国的中北部。从中世纪前开始就有众多的人类在此定居，创造了高度发达的文明直至今日。据民俗学者佐佐木高明考证，其中对日本的落叶阔叶林文化有巨大影响的，是与楢栎十分类似的蒙古栎广泛分布的中国中北部传来的北方文化。他还认为，日本是以楢栎为主体的落叶阔叶林带培养的北方文化，与受到温暖的山茶花区系的东亚常绿阔叶林带的各国的影响发展而来的常绿阔叶林文化融合发展而来的。

　　日本山毛榉区系，受到严寒和积雪的影响，大果米槠及栲类的常绿阔叶林无法生长，成为由日本白山毛榉、楢栎、色木槭、日本椴、松村氏鸡爪槭、水榆、日本花楸、日本七叶树、日本椴、又状荚蒾等四季变化明显的落叶阔叶树为优势种的树林，或是部分为日本铁杉、日本扁柏、日本花柏、里白冷杉、金松等常绿针叶树混交林。

　　另外，即使是同样区系的本州，也有降水集中在冬季的日本海型气候和集中在夏秋季的太平洋型气候，前者有适应积雪的虾夷交让木、雪茶、千岛赤竹等，后者有大叶钓樟、姬赤竹等，赋予林床不同的风景特征。在水边，由于湿润的程度不同，日本桤木、水曲柳、春榆等分别生长在不同区域，在溪谷则有日本连香树、榉树、日本枫杨等作为优势种出现，在北海道的海岸沙丘可以看到与本州的黑松林相当的槲树林的风景。

　　大多数的情况下，与被因长时期人为干涉而稳定生长的替代植被所占据的欧洲相比，日本的白山毛榉区系的植被所受人为干涉的历史短，作为生活圈中比较安定的替代植被，可以列举产生在砍伐旧址上生长的楢栎林、赤松林、日本白桦林等次生林以及由刈割或是烧荒等保持的五节芒草原、结缕草草原、牧草地等这样程度的例子。其他这个地区的代表性植物，还有代表北方的树种日本落叶松、虾夷云杉、库页冷杉等的种植林或是泡桐园、苹果、樱桃、杏等田园风景的例子。

落叶阔叶林带代表性的植物相观

虾夷云杉、库页冷杉林
每种都是北海道的代表树种，土壤充分发育的缓坡坡地上，在高海拔地区虾夷云杉、在低海拔地区库页冷杉是优势种，在本州的亚高山地带有日本的特有种里白冷杉林分布

日本白山毛榉、楢栎林
日本白山毛榉的自然林的分布，以渡岛半岛以北的北海道的低地与东北及中部地区的寒冷地带为中心，而我们所看见的树林的大多数都是有楢栎林等混生的有人为干涉的次生林

春榆、水曲柳林
从北海道到本州、九州的寒冷地区山地的溪流或是平坦的湿润地区构成湿地林的代表性树种，在低地地区与日本桤木林相连

鹅耳枥林
昌化鹅耳枥、疏花鹅耳枥、日本千金榆等，常见在日本山毛榉区系与山茶花区系的中间地带与板栗、楢栎、日本黑山毛榉、色木槭等混生，也作为两个地区的低山地带次生林广泛分布

日本白桦林
从北海道到本州、九州雨水较少的内陆寒冷地带，作为生长快速的阳性树形成次生林的纯林的情况比较多，作为代表北国特征的树种在庭园中也被栽植使用

日本落叶松林
自然林以本州亚高山的火山地带为中心不连续地分布，作为木材林或防雪林在日本全国的寒冷地带造林栽植，与白桦一起作为北国特征的代表树种受人喜爱

2）常绿阔叶林带（山茶花区系）

相对于起源于西亚半干旱地区草原的西欧文明，包括日本在内的东亚的常绿阔叶林文明，是山岳与森林所产生的文明。据称日本的 10 多万处神社中，大多数有镇守的森林，其中被指定为天然纪念物的 40 处社寺树林几乎全部属于常绿阔叶林。自古以来，祭神等宗教仪式中使用的红淡比、台湾含笑、莽草、交趾木、刺叶桂花等全部是常绿阔叶树，由此可见，日本人传统的信仰，与常绿阔叶树的森林紧密连接在一起。

在山茶花区系生长的常绿阔叶林，是以在常年温暖、多雨的地区生长繁育的、叶厚而有光泽的常绿阔叶树为优势种的暖带树林。从各地发掘出来的陶器、居住遗址等可以了解，这些区域是古代日本民族主要的生活区域。可以说，是常绿阔叶林的植物，从绳文时代以来，一直支撑着日本人的生活，培养了日本人感性的植物景观的核心，今天在这些区域集中了人口在 30 万以上的大城市，70% 的日本人在此定居。

无论是在世界享有盛誉的日本传统庭园，还是从平民的乐趣发端的江户园艺，都可以说是常绿阔叶林带的文化，本书介绍的大多数实例，也是围绕着这个地区的实例。

常绿阔叶树为优势种的山茶花区系的自然植被，从丘陵、台地、到低地，上层为青栲、米槠、红楠等乔木类常绿阔叶树，进而是具有中层、下层的植物形成复层构造的树林，低处的湿地则形成日本桤木、柳树等的树林。但是由于日本人口的大半在此区系定居，植被受到人类很大的影响，特别是从城市到里山这一区域，高密度、集约式的土地利用的结果，是以原始状态存在的自然植被变得极端稀少。如今幸存的自然度较高的常绿阔叶树的植物群落，仅仅在社寺林、陡峭悬崖等地，寥寥无几，至于低处湿地的自然林则几乎全部因水田化或是填埋丧失殆尽了。

现在我们能看到的主要植物群落的相观类型，内陆性的栎树林、海岸丘陵地性的大果米槠林、海岸低地性的红楠林、内陆连续陡坡地残留的榉树林、低湿地性的日本桤木 / 柳树林等作为代表，各自表现了所在土地的特征。另一方面，因人类生活替代这些群落的人造群落，作为人居的绿化已然固化，并受人喜爱。例如内陆丘陵地性的赤松林、丘陵地性的枹栎、昌化鹅耳枥林、低地性的麻栎林、海岸性的黑松林、柳杉、日本扁柏的种植林、毛竹 / 刚竹林等。这些植被的相观在山茶花区系中生活的人类的生活圈中广泛分布，作为深具故乡特色的风景深深地印刻在人们心中。

麻栎、枹栎、昌化鹅耳枥等形成的落叶阔叶树的次生林（东京杉并区高井户）

常绿阔叶林带的代表性植物相观

大果米槠林
广泛分布于南起琉球群岛直到东北地区南部的海岸区域。伴生着野山茶、全缘冬青，在表土浅薄的海岸侧的山脊或南向山坡上多见，自古以来作为庭园树种使用。

红楠林
通常伴生着日本粗榧、杨梅，在海岸线的低地或是沟谷土壤深厚略潮湿的区域多见。对海潮风抗性强，作为海岸地区的绿化树或行道树使用。

栎树林
过去内陆地区的平原、丘陵、低山地带，伴生着日本冷杉、日本橿树等的青栲、青冈栎、日本血槠等栎类为主的树林所占据，而如今只有社寺树林、住宅林的一部分还残留着迹象。

榉树林
在可生长青栲林不受海潮风影响的内陆地区，伴生着鸡爪槭等出现在排水良好的湿润坡面或沟谷。榉树是日本特有的优良用材树，也作为绿化树或行道树广泛使用。

日本冷杉 / 日本铁杉林
在日本白山毛榉区系的中间带附近断续可见，日本铁杉在亚高山带附近被日本小叶铁杉替代，日本特有种日本冷杉在低地及海岸地区也有分布，作为低地性的常绿针叶树被人所熟识。

麻栎 / 枹栎林
无论哪种都是持续砍伐常绿阔叶树林后续维持杂木树林的代表种，从损伤的树干流出发酵后有甜味的树液会吸引很多的昆虫。

黑松林

一般认为在大果米槠及红楠等无法生长的海岸的岩石区、山脊及沙丘区等干旱地，与姥芽栎、海桐花等伴生生长，但现在能看到的黑松林基本都是种植林或是次生林。

毛竹 / 刚竹林

今天看到的毛竹或刚竹都是中国原产的竹类，现在已经完全根植于日本的山茶花区系的河川沿线或是房屋周边等处。

日本桤木 / 柳树林

在从北海道到琉球群岛的水分较多的平坦湿地或水边，与柳类等混交在一起形成湿地林，但其中大部分都被开垦为水田，原始的自然林仅仅在日本白山毛榉区系留存了很少的一部分。

赤松林

赤松林的自生地，是在海岸的岩石地区、内陆的熔岩流上的地力贫瘠的场地及湿地等干湿两极分化的场地，但我们平常看到的赤松林，是因砍伐后的次生林或是种植林，分布在从白山毛榉区系到西南群岛的屋久岛等地。

柳杉林

柳杉林的自生地，是在本州、四国、九州的干旱山脊、潮湿溪流等干湿两极分化的场地，它寿命长，可得良好的木材，因而自古以来多作为社寺林、行道树及庭园树使用，在本州、四国、九州特别为人熟悉。

日本扁柏 / 日本花柏林

日本扁柏的自生地，是极端干燥的山脊及熔岩地，日本花柏则在湿润的山谷比较常见。它们都是代表性的造林树种，作为庭园树也培养了很多的园艺品种，在本州、四国、九州特别为人熟悉。

3）亚热带树林（山茶花区系）

日本的亚热带树林，形成于大约北纬 24 ~ 30 度范围内奄美大岛以南的琉球群岛与小笠原群岛。

（1）琉球群岛

虽同在山茶花区系中，作为琉球群岛的核心的冲绳，与东京相比平均气温高了 7℃。以冲绳本岛为中心，从奄美群岛南部到八重山群岛由 100 多个大大小小的岛屿构成，可以说是台风经常侵扰的地方，受惠于温暖的气候和充足的降水，从以前的琉球国时代开始就有众多的人在此定居，冲绳特有的文化从围绕着特有的气候和岛屿的人们的交流中发展起来。人为的影响延伸到各个小岛的各个角落，自然植被仅仅在陡峭的山地或海岸线的一部分得以保留。

相对于世界上很多的亚热带地区是高温干燥地，冲绳的各岛受冬季偏西风的影响，年降水量可达 2000 ~ 3000mm，属于世界范围也很罕见的没有旱季的湿润亚热带降雨林地区。另外岛的地形，有从平坦的盘型到险峻的山岳型等各种类型，它的土壤也有重黏土、红土、珊瑚砂等类型，土壤 pH 值变化较大，从强酸性到强碱性均有分布。因岛屿性状、土壤以及时常侵扰的台风、冷凉的季节风等条件的差异，从海岸到内陆的各个区域，分布着众多世界范围内也是十分珍稀的植被类型。

以冲绳本岛为首的各个岛屿的海岸上，在最前端生长着草海桐、银毛树，其后则生长着苏铁、浓香露兜树、日本蒲葵、冲绳松、莲叶桐、红树类等种类。另外，从海岸到内陆，由小叶榕、山榕、黄槿、红厚壳、血桐、重阳木、福树、山棕等形成的山榕—小叶榕群落比较常见。与此相对，本岛北部的海岸到内陆的广阔范围内，则变成在酸性土壤中生长的大果米槠、红楠、蚊母树、琉球树蕨类等形成的大果米槠—红楠群落。但是，每个群落都受到强烈的人为影响，自然植被仅仅在陡坡面和礁石上少量地残留。现在，大范围分布赋予冲绳乡土特征的乡土植物群落，已经变成了丘陵的酸性土壤中生长的冲绳松林与大果米槠的萌芽林等次生林，而海岸沙地则大部分变成了木麻黄的种植林。

冲绳的另一个植被特征，是人类带来并营造的热带植物景观。它的形成是因为南美、菲律宾、南洋群岛的集体移民在二战后携带热带植物归来，以及冲绳以旅游业立县，因此要营造夏威夷式的热带风景的出发点。这样做的结果，是县内露兜树类、棕榈类、刺桐、美丽异木棉、凤凰木、异叶南洋杉、叶子花、鸡蛋花等热带系观赏植物的泛滥，番木瓜、菠萝、甘蔗等栽培植物与乡土植物变得浑然一体，在游客的意识中，以为那就是冲绳本来的风景的想法已经牢固扎根了。

（2）小笠原群岛

　　相对于琉球群岛的植物受到紧邻的亚洲大陆的强烈影响，日本唯一的海洋岛小笠原群岛的植物，全部是从其他地区漂流而来而且是入侵种，这样的种仅限于有时能够超越 1000km 的距离散播的植物。在小笠原群岛特有种较多的原因，是经过鸟类等概率很低的传播与在裸地上成活这样两个高难度障碍的最终迁移成功少数的植物，适应新天地多样的自然环境分化成很多的种类了。

　　原本为日本领土的战前的父岛，作为军事要塞，在美国统治下的 20 年中，在人类居住的大村地区以外保持了几乎无人的状态。作为小笠原的自然、半自然林，在干旱的丘陵地区的坡面上分布着小笠原山榄、台湾石斑木形成的灌木林，在湿度较高的坡面及沟谷分布着南洋木荷林，在海岸地区可见榄仁树／红厚壳树林等分布，从风动地、沟谷到海岸各处，广泛覆盖各岛的群落是小笠原特有种小笠原杜英（Elaeocarpus photiniifolius）、瘤樫（Machilus kobu）、无人姬山茶（Schima mertensiana）、小笠原香樟（Distylium lepidotum）、小笠原玫瑰树（Ochrosia nakaianum）等生长组成，而小笠原蒲葵、小笠原露兜树、野椰子（Clinostigma savoryanum）等具有热带风情的植物十分引人注目。在此之外，在琉球群岛广泛分布的异色山麻黄、山榄、红厚壳、黄槿、草海桐、银毛树等广布种也在此混交生长。

　　小笠原丰富的森林于 1876 年（明治 9 年）正式作为日本领土以后，人们因国家开发而在父岛与母岛开展开垦和烧荒，为了替代造林引入的冲绳松、木麻黄、重阳木等的种植范围不断扩大，也因此导致众多的特有种被挤占了生存空间，同时在定居点周边的栽培引入的苦竹、龙舌兰、虎尾兰、落地生根等以及用于绿化与观赏种植的银合欢、棕榈类、小叶榕、木槿属等植物驯化与繁殖，在部分地区威胁着小笠原特有的植被的生存。

　　而小笠原群岛的动植物的固有性被世界所承认，2011 年 6 月 24 日，正式被认定为世界自然遗产 * 而登录在册。

---

* 世界自然遗产：在联合国教科文组织的世界遗产名录登录的文化遗产、自然遗产、复合遗产其中之一，对于地球生命的记录、生态学、生物学上的进化、稀少或是濒临绝灭的动植物、绝无仅有的生物多样性等具有显著价值的自然区域会被选择登录。

琉球群岛亚热带林代表性的植物相观

大果米槠 / 蚊母树林
常见于冲绳本岛北部酸性土壤的丘陵、山岳地带与红楠、日本树参、日本杜英、山棕等混交林中，在砍伐迹地的次生林中琉球木荷、柴肉桂（Cinnamomum doederleinii）等较为多见

重阳木 / 血桐林
在热带地区广泛分布，重阳木多是在琉球群岛的次生林中与血桐混生，在小笠原群岛作为人造林生长十分繁茂，压迫着乡土树种的生存空间

小叶榕林
多在石灰岩形成的隆起珊瑚礁及低地的山麓地区形成次生林，多与山榕、杜英、斜叶榕、飞蛾槭、山棕等混生

莲叶桐林
也广布于热带地区，在日本则是在琉球群岛与小笠原群岛海岸地带的沙滩等处与红厚壳、黄槿等共同组成群落，被用于海岸防潮林及观赏植物栽植

黄槿 / 露兜簕林
在从热带到亚热带海岸附近的河岸及崖壁生长，露兜簕在琉球群岛、黄槿在小笠原群岛也有分布，都作为海岸防潮林及观赏植物栽植

日本蒲葵林
在四国南部、九州、琉球群岛的海岸崖壁群生，小笠原群岛有小笠原蒲葵分布。每种都是抗潮性优良的棕榈，作为行道树及公园树栽植使用

红树林
在从热带到亚热带的河口泥地生长着秋茄树、木榄等形成的群落，在日本常见于琉球群岛，在其背后可见玉蕊、黄槿等植被

草海桐 / 银毛树林
两种植物共同形成了从热带到亚热带海岸附近的隆起珊瑚礁及沙滩的灌木林，在公园及庭园中用于观赏栽植

笔筒树林
琉球群岛湿润山谷及溪流的背阴处生长的大型蕨类，用于亚热带庭园及寒冷地区的温室等，观赏其顶部突出，叶子舒展，独具热带风情的姿态

苏铁林
从九州南部到琉球群岛海岸附近日照好的干燥崖壁处生长，在庭园及公园等处栽植用于观赏其富有异国风情的姿态

冲绳松林
琉球群岛中形成树林的唯一的亚热带性的松树类植物，自生地限于海岸背后的沙丘地或是露出母岩的贫瘠土地，但现在大部分都是砍伐地或造成地等的次生林

木麻黄林
树木种类为澳洲原产的木麻黄科的木麻黄，作为代表热带的防风林、风景林、行道树、庭园树在琉球群岛与小笠原群岛的海岸大量种植

小笠原群岛亚热带树林代表性的植物相观

小笠原蒲葵 / 小笠原露兜树林
小笠原蒲葵、小笠原露兜树、小笠原玫瑰树（Ochrosia nakaiana）、照叶滨朴（Hibiscus glaber）等特有种混生有多枝紫金牛、山榄等广布种

榄仁树 / 红厚壳林
由随海流漂流繁育类型的树种构成的在海岸生长的树林，在沙滩的林中混生有莲叶桐、黄槿、草海桐、银毛树等植被

南洋木荷林
与台湾木荷、冲绳琉球木荷不同的特有种南洋木荷覆盖着乔木层树冠的近乎一半而形成的次生林群落，瘤樫、多枝紫金牛等混生林中

4）跨越多个植被区系的主要草本植物群落

　　覆盖了横跨日本陆地到水域广阔的地表面与水面的草本群落，反映了立地条件及与人类相关的程度，表现出各自特有的相观。在这些群落中特选出在全国广泛分布的，具有代表性的植物群落，示意如下。

五节芒，自古以来用于修建屋顶或赏月的插花等深受喜爱

白茅的白色花穗被称为茅花（中文称为谷荻），过去用它的叶子来包粽子

在明朗的水畔林中生长的弯囊苔草

日本全境的水边可见的芦苇

在日本同样的条件下生长着宽叶香蒲、香蒲、姬香蒲

茭白与芦苇、荻等共同为大型湿生植物的代表

日本的代表性草本群落

五节芒草地
可持续进行有隔几年割草或烧荒的场地上形成的大型群落。在北海道、本州、四国、九州、琉球群岛等日本全境分布的代表性的高茎草本群落，园艺品种也很多，在庭园中也有栽植

弯囊苔草群落
北海道、本州、四国、九州的池沼、河川、湿地草原群生的湿地中代表性的中、高茎草本群落，群落着生于柳树林或日本桤木林的水边。过去被栽培用于制作蓑衣、斗笠、草席等等

宽叶香蒲群落
广泛分布于从北海道到九州的湖沼、河川、水渠及休耕地等的湿地中，群生的代表性高茎草本群落，芦苇及水毛花混生其中。过去蒲绒用于火绒及坐垫等

白茅草地
在本州、四国、九州、琉球群岛的草原、海岸、河滩的土堤等处群生的中茎草本群落，在割草与烧荒等频繁重复的地方得以继续维持。在晚春季节白色的长穗在风中摇曳的风情令人印象深刻

芦苇群落
从北海道到琉球群岛日本全境的池沼的岸边以及河川下游的河边群生的代表性高茎草本群落，从河川的上游到中游的沙砾地基本不可见。茎被用作苇帘的原料

茭首群落
从北海道到九州的湖沼、河川、水渠等水中生长，在水边形成镶边的高茎草本群落，海荆三棱、直立黑三棱（Sparganium erectum）等混生其中。因茭首黑穗菌的寄生，变得肥大的茎被称为茭白，用于食用

第 3 章

栽植规划

日本人的自然观和审美意识

四周环海的日本夏季因从海洋而来的季风影响而高温多湿、冬季因从大陆而来的季风而低温干燥，造成了特征非常明显的季节变化，生活于此的日本人积累了与这样的季节变化所表现的风土相适应的农林业知识和技术，在不同地区形成了日本特有的传统文化。

如果用"四季"一词来表达日本的季节变化，那么它的细腻而明了是世界上独一无二的。四季的变化，除了为我们带来丰富的物产之外，也让我们经历了寒流、暴雪、暴晒、暴雨和台风等的洗礼。

自然是超越了人类认知的伟大力量，在如此自然中生存发展，只能谦卑地与自然和谐共生，日本人这样的自然观，是在具有独特四季的日本风土中孕育而来的。

这样的环境中孕育出的日本人的审美意识，不是仅限于欣赏植物形态及色彩等构成的美术上的美，而是会把自身与作为这种美的背景的四季变化相结合，从而具有虚幻和无常交织的感性特征，这是和其他民族最大的区别。

这种审美意识，从落樱、冬季凋萎的景色，到与动植物近距离接触的风景，非常的广博而深入，并且反映到日本人的文化与生活中。这种审美意识，也能够从俳句的季语[1]中记载的大量的动植物和自然风景、平民娱乐活动的花牌中表现的与动植物的和谐共处以及全世界都少见的"听虫"[2]活动等中领会到。

日本的庭园，可谓是将以上的风景在有限的生活空间中理想化地加以建造的各种技术之集大成者。虽然目前日本各地也都试建了大量的西式庭园，但还是逐渐地回归到日式风情，归根到底最能够表现出日本人独特的庭园趣味的还是日式庭园吧。

[1] 季语：连歌、连句、俳句中，为表达季节而特定的组合词语（广辞苑）。水原秋樱子编《新编季语集》（大原书店，1974）中，春有早春、烂春、晚春，夏有初夏、盛夏、晚夏，秋有初秋、仲秋、晚秋，冬有初冬、中冬、新年、严冬之分，从这些数目庞大的季语中，与季节变化有关的自然、生活、风俗、动物、植物的各种事情都一览无余。

[2] 听虫：日本自古以来就有秋天听虫的习俗，平安时代的贵族们曾流行从野外捉来蟋蟀放在宫中举行宴会欣赏虫鸣声。之后，这种日本特有的文化习俗就延续了下来，一直到江户时代，秋天在野外举行专门的集会、边饮酒边听虫鸣声成为当时的一种时尚，特别是道灌山（位于东京）和上野的不忍池（位于东京）等地成为听虫的有名场所，据称一度是人潮涌动。

代表春天的皇宫护城河两边的樱花

炎炎夏日下盛开的合欢

秋天红叶的鸡爪槭

雪压朱砂根枝头

上部：一月松、二月梅、三月樱花、四月紫藤、五月花菖蒲、六月牡丹
下部：七月芦花、八月芒花、九月菊花、十月红叶、十一月柳枝、十二月桐叶

具代表性的大众游戏——花牌，也称纸牌戏、花骨牌，它是一种纸牌游戏，纸牌选择能够代表日本四季的花或动物分配到 12 个月，把每个月用最美的象征图案表现出来，它作为日本特有的游戏深受民众喜爱。根据关于世界各国的扑克编写的《恶魔的绘本》（Newyork，1893）中的介绍，有"日本的扑克（花牌），完全是日本人的创意形成的，完全没有受到其他国家的纸牌的影响，因此无论如何也看不到与扑克的共通点"的说法，赞扬了花牌的独特性、趣味性和优美性。
出处：木村健太郎《扑克和花札》（梧桐书院，1979）

风土孕育了日本人的色彩感觉

强光照耀、对比感强烈、土地的颜色明晰而不浑浊，这样纯净的风景被称为"清色风土"。相反，雨水多、湿度大的"浊色风土"则是以朦朦胧胧的灰色基调为主的风景。日本人心思缜密，喜好柔和的颜色搭配，与其拥有着世界上少有的"浊色风土"有着密不可分的关系。日本年日照时间不超过 2000 个小时，四季中有梅雨和秋雨两个时段，朝雾、晚霞更是平常景象。在这样的环境中生活，养成了日本人对阴影欣赏和赞美的习惯，形成了欣赏细微柔和的色彩变化及朴素的中间色的雅致审美意识。比如茶室和茶庭表现出的"清、寂"感，就是日本人所特有的。

此外，和日本相反的具有"清色风土"的国家，如多晴高温的西班牙、意大利、比利时、土耳其、埃及等国家，人们喜好艳丽的色彩，而低温的北欧国家如瑞典和挪威，人们喜好明亮的颜色。而同样是"浊色风土"的中国香港以及缅甸、泰国、印度、越南、老挝等国家和地区，一年四季多高温、强降雨天气，人们则喜爱与之相配的绚烂的豪华颜色。

摈弃艳丽和明亮的色彩，多数的日本人认为朴素的、暗淡的复合色更为优雅，也更加喜爱。日本国土植物覆盖率高，丰富的植物色彩加上烟雨雾霭的朦胧感觉，以绿色为基调形成了千变万化的多种复合色彩，从而养育了日本人特有的色彩感觉。*

* 日本人特有的色彩感觉：以灰色系和绿色系为例，以下大量的名称可窥其一斑。
灰色系：鼠色、银鼠、梅鼠、葡萄鼠、茶鼠、深川鼠、利休鼠、蓝鼠、锖鼠、相思鼠、浓鼠、薄鼠、薄墨色、钝色、薄钝色、消炭色等。
绿色系：青丹、海松色、根岸色、莺色、清色、黄绿、抹茶色、柳茶、苔色、草色、萌葱色、嫩草色、苗色、嫩叶色、柳色、深叶柳、松叶色、嫩绿、浅绿、山葵色、山鸠色、绿色、暗绿色、常青色、嫩竹色、青竹色、薄绿、灰绿、白绿、深绿、绿青色、青绿色、青磁色、木贼色、干草色等等。
出处：尚学图书编《色彩手册》(小学馆，1986)

朝雾暮霭让背景色彩不断微妙地变化着的风景，让人不禁想起深受日本人喜爱的才华横溢的东山魁夷的绘画作品

与周围环境非常协调的咖啡店无色招牌

春天的山上，深绿、嫩绿、黄绿等绿色系的各种颜色交织在一起，而且日日有变化

日本的造园特色

    造园可谓是人与自然相协调的结果。按照这种思路，世界各国的造园都应该体现出该国固有的特征。上原敬二博士将日本的造园特色总结为以下五项：

（1）自然
①四季
    自然条件是上天赋予一个国家或地区的，人类基本无力可施，而自然所赋予日本的造园基础则可谓丰富多样，完备到世界上其他国家无可比拟。其一就是四季分明。很多国家都有四季，但其变化不是很规律。而日本的四季，不但变化规律，而且春夏秋冬的景观变迁非常明显。

②自然风景
    在狭小国土上风景要素完备的分布，日本堪称世界第一。风景要素包括了山岳、森林、湖沼、瀑布、溪谷、高原及海洋七大类，并包罗了很多形态和种类，缺少的是沙漠，但也有少量的冰川。并且这些风景胜地距离日常生活并不遥远，人们很容易就可以去探访，这也成为特征之一。

（2）宗教
    日本人将"庭"称为神灵居住的场所。其造园受中国和印度的影响，其中有迷信的内容，以及基于神仙思想将石组神佛化等，距离现代生活较为遥远。但迄今为止，大量遗存下来的名园、遗址、古树名木、巨树等，展示着日本庭园的极致之美。

注连绳：为了划分出神圣的空间而结成的绳子，表示巨石或者巨树是神灵居住的场所，表达了日本人的自然崇拜思想，上面还加上纸垂，象征神灵的护佑

（3）生活方式

在欧洲的城市，由于土地私有或管理权的独立，对土地、建筑等的使用都有着非常严格的法律。特别是对于树木的采伐或移植有很多的限制，言下之意就是会有造园建设无法正常进行的情况发生。因此，在欧洲城市，最常见的是公共道路两边的简易庭园，而在建筑群中或在限制相对较少的郊外的部分富豪家才会有大面积的庭园建设。虽然说土地面积有限，但是对在土地、建筑的使用以及树木移植和采伐等方面相关限制也相对宽松的日本来说，庭园建设的自由度则大得多。

（4）国民性

国民性受自然条件的影响也不小。特别是日本具有亚细亚地区典型的气候、自然地理环境与四季，这是与处于其他气候带的国家的最大区别。另外，与同样地处亚洲、国土面积辽阔、视土地为神圣的中国相比，山岳险峻，有着视水火为圣物的自然崇拜思想，生活中则以尊重先祖为宗旨，并崇尚幽玄、静寂、枯寂境界的日本，有着截然不同的国民性。正如伊势神宫保留着每20年举行一次社殿翻新的"式年迁宫"仪式的习俗那样，日本人既能不拘一格将古老的建筑翻建一新，也具有欣赏石头的静寂和茶会上的古董的怀古品位。因此，可以说，日本是古国之一的同时，也是近现代化程度非常高的国家。这也是影响日本人国民性的重要原因之处。

（5）造园材料的不同

对于自然材料之植物、岩石、水体等的利用，秉承了将自然风景理想化、象征化习惯的日本人，自然和其他民族造园的基调不同。另外，和有些一说到庭园则必然要有鲜花盛开的造园理念不同，日本人的造园观是勇于摈弃鲜艳的色彩，这种区别非常明显。

京都的庭园。将自然生长的植物、石头与河流所形成的自然风景理想化后的日式庭园，不使用花灌木和草花等等艳丽的色彩，而是喜好新绿、红叶

英国的花园。直线型的园路、修剪整齐的绿篱，人工痕迹非常明显的英国花园中，正在盛开的宿根草花将花园装饰得非常华丽

以上五项，既决定了日本造园的本质性方向，并且也应该是最能够让人类心灵宁静的内容。

日本丰富的自然景观的七要素

①山岳

②森林

③湖沼

④瀑布

⑤溪谷

⑥高原

⑦海洋

优先保护的植被

　　植被，分为不受人类任何干扰而天然生长的野生植被，和经人类各种活动而改变了生活习性成为新植物的栽培植被两大类。随着人类开发活动的不断发展，自然属性高的植物也不可避免地将会越来越少。

　　日本环境厅在 1975 年全国进行第一次绿化普查时，将"自然度"作为一项指标，即：以植物残存的程度如何来评估土地的自然属性。

10　野生植物中，形成单层植物群落的高山草甸、风动草原、自然草原等

　9　野生植物中，形成多层植物群落的虾夷云杉／库页冷杉群落、日本白山毛榉群落等

　8　虽为补偿性植物群落但与野生植物群落更为相近的日本白山毛榉／楢栎再生林、米槠／栎类的萌芽林

　7　一般被称为次生林的补偿性植被

　6　常绿针叶树、落叶针叶树、常绿阔叶树等的林地

　5　分布有矮竹群落、五节芒群落等的高草草原

　4　分布有结缕草群落等的低草草原

　3　果园、桑园、茶园、苗圃等树木园

　2　农田、稻田等耕地、绿化率高的住宅区

　1　基本没有植被的城市街区、建设用地等

　　将目前日本植物的自然属性状况从高到低分为 10 个级别，以 1 平方公里为基本单位进行调查，依次评估全国和地方、都道府县各自的自然性程度。按照这个方式，从 1989 年开始每隔五年进行一次，根据第五次的调查结果，日本的植物自然度分布的全国平均值为：自然度达到 10 的占 1.1%，9 占 17.9%，8 占 5.3%，7 占 17.6%，6 占 24.8%，5 占 1.5%，4 占 2.1%，3 占 1.8%，2 占 21.1%，1 占 4.3%，此外，裸露土地占 0.4%，露天水面占 1.1%。如从地域区别来看的话，自然度为 10 级和 9 级相加总数所占比例最高的是，除了较为集中分布的北海道之外，还有部分高海拔地区。从全国整体情况来看，10 级和 9 级总共也只占到 19.0%，今后的情形也是只可能减少而没有可能增加，因此，这部分植物是最应该优先得到保护的。而从植物本身来看，从生物多样性的角度出发，虽然是补偿性植物群落，如 8 级的自然植被的日本白山毛榉·楢栎的次生林，米槠·栎类的萌芽林以及 7 级的次生林，因其能够随时间的推移而继续提升自然度，对将来而言这种保护的积极意义也非常大。另外，即使级别较低，但长久以来一直维系着土地风貌的矮竹、五节芒等的草原、结缕草草原，水田的田间植被等，因其由地域

固有的乡土植物种类所构成，因此同时对维护生态平衡也非常重要。

如从面积来看的话，虽然大面积的野生植物和乡土植物群落的保护毫无疑问应该最优先考虑，但原本就缺少绿色的都市以及近郊，每平方公里基本单位里那可怜的既少又小的中小型绿地的保护则显得更为重要。特别是对于造园家们，关系着城市中绿地结构的改变，要对身边的公园和绿地中坡面林和神社寺庙林地、经过漫长岁月才保留下来的防护林、庭园及农田中遗留的小片树丛、涌泉及蓄水池、水渠等各种水体周边的植物群落中，大到一棵记载着历史沧桑的古树，小到一丛不起眼的野草，要一点儿不落地考虑周全，树立保护这些植物的意识非常重要。从结果来说，如果城市里能够保留好这些大大小小的绿地，不但可以很好地展现地区的风貌，而且也可作为各种各样野生动物的栖息地，为促进城市的生物多样性健康发展做出积极贡献。

出处：日本环境厅编《国家绿化普查 自然环境保护调查报告书》（1976）、环境厅自然保护局编《第五次自然环境保护基础调查植物调查报告书（全国版）》（1999）

适当地进行过人工改造被称为杂木林的，自然度为 7 的次生林，在城市街道两边较为常见，成为多种动植物生息的重要支撑点，对其的保护极为重要。特别是和城市相邻区域内的植物群落，与城市中各种各样的绿地相关联，对城市整体的生物多样性的提升有着非常大的作用

自然度为 2 级的稻田，其延绵的稻畦中的各种绿色植物同时也是青蛙等动物以及水鸟们繁殖所不可欠缺的食物。在东京近郊听到一生都在野地或草丛中生活的青蛙们鸣唱的机会，现在几乎都消失了。随着稻田中使用农药、适合大规模种植的机械化耕作方式的推广，带来的就是湿地的缺失

德川家康为前往东金狩猎而建的 37 公里长的御成街道中留存下来的一株大果米楮大树，经过数百年的风雨，如今仍伫立街头吸引着过往人们的目光，也是小鸟和昆虫们生活的天堂（千叶，花见川）

从对补偿度的理解进行植物种植设计

　　补偿度是自然度的一体另面，换句话说，补偿度越高的植物自然度就越低。造园植物几乎全部都是补偿性植物，而且其补偿度也因植物的不同而不同。植物景观，如果全是由乡土植物构成，那么原本补偿度较低，而如果由外来植物或改良品种的植物构成，那么补偿度的水平才会高。因此，给人的感觉就是，补偿度低、自然度高的植物景观会更让人感到亲切自然，而补偿度高的植物景观则人工痕迹非常明显。比如，地处暖温带的东京有原产热带的棕榈行道树和产自冷温带的里白冷杉林，提高了补偿度的同时也带来异国风情；又如地处冷温带的英国，栽植暖温带的珊瑚树和八角金盘也很具异域风情。

树林景观的修景类型

保护型

选择除去 / 补植型

部分代替型

全面代替型

关于国营日立海滨公园绿化的修景区分

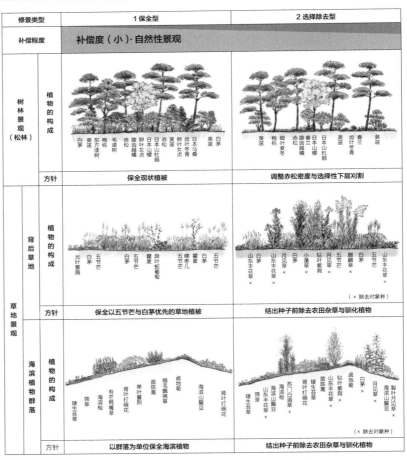

此外补偿度与植物养护管理也有着密切联系。对于这些离开原产地、补偿度较高的外来植物的养护与管理，需要采取适当的、能够弥补栽植环境差异的措施。比如，对于南方植物要给予一定的防寒保护，对于耐寒植物或不易成活的植物要注重病虫害的防护，对于耐旱植物则有必要换排水性好的土壤等。由此可见，植物种植设计和种后管理，都与种植补偿度的这个目标有着密切联系。

下图就是国营海滨公园为最大限度地养成自然度高的植物景观而确立的具体目标。针对松林、草地、海滨植物群落，从保护生态自然环境到对既存植物进行全面人工改造，全都从补偿度为基本出发点，共分为五种整治类型，并针对不同类型制定了专门的植物结构与管理方案。

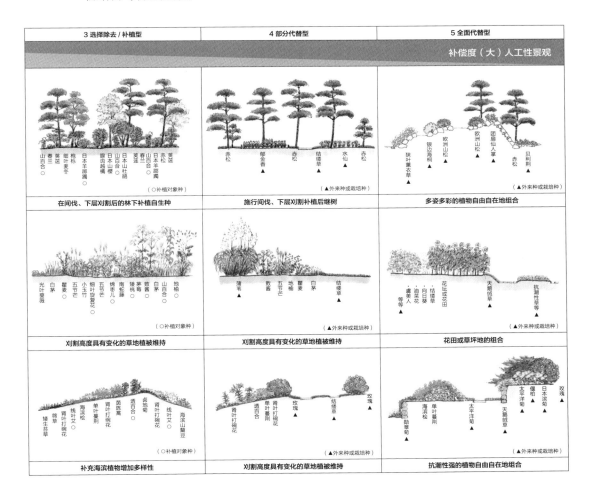

原生植物与外来植物的区别使用

　　植物，在不同的地区，在长期的人与自然的作用中，形成了各自不同的生存环境，其表现出地区独特的生物多样性，成为日本的山岳、乡村以及城镇景观的基本组成部分。

　　山岳，自古以来就是原生植物育成、占主导的场所。目前日本野生植物能够保留的地方，基本都是在山区。那里还保留有部分稀有动植物的生活和繁育环境，可供人们登山或者野营去进行自然观察。

　　乡村，是农林畜牧的生产地，人们根据土地状况进行改良栽培品种、农田和果树园、竹林、混合林等集约型种植。此外，还有为了保护生产土地和住民们环境的防风林、防护林等，一般都是采用当地的传统乡土植物。

　　城镇，则是牺牲了自然地形和既有植物形成新的平坦土地，然后有效地进行道路和建筑规划、建设的人工场所。建设绿地的主要目的就是为了改善城市环境和景观，因此绿地建设就是按照既定方案进行配置和种植。使用的植物，除了选用那些耐辐射热、季风、尾气、粉尘等抗性较强的树种，也需要使用一些色彩鲜艳、漂亮的草花。原生植物种类远远满足不了这些需求，因此必须使用一些外来种或者栽培品种。

　　如此一来，在人与自然的共同力量下，日本国土呈现原生植物[1]与外来植物[2]交织在一起，再加上各种人工改良品种并存的状况，也可谓是"存在即必然"的状况。也正如此，我们得以在日常生活环境中可以见到世界上如此种类繁多的植物，我们也依赖着这种自然的恩惠得以生生不息。

　　一般来说，与造园家相关的地区多数以上都在城市区域内，按说只需具备城市中常用植物的相关知识就足够了。但是，城市中也有社寺林、斜面林等属于纯自然的场所，以及河川的草护坡和防护林等半自然的乡村场所。特别是在缺少自然环境的城市区域中，这些山野的、乡村风情的自然环境，无论是对生态环境还是对景观效果来说，都

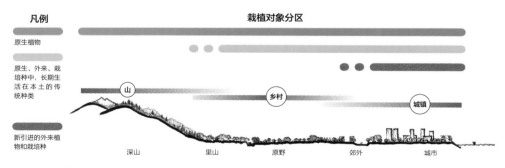

原生植物 - 外来植物 - 栽培种的区分使用示意图

有着极为重要的意义。因此，在进行城市绿化种植设计时，如何融合这些山野的、乡村的、城镇的土地，如何巧妙地使用原生植物、外来植物以及改良种类等，显得尤为重要。即要考虑以下 3 点：①山野场所要使用原生植物；②乡村场所则要无论原生、外来还是改良品种，要使用这个地区长期生长的传统品种；③对于新引入的外来植物或改良品种，如果有可能对原生植物造成驱逐或基因干扰的话，那么就只限在城镇地区使用。此外，对于乡村地区也是，应区别乡村里的山野、城镇风情的场所，从而使用相应的植物种类。这样，以此类推，在明确了土地的植物群落和土地利用状况的基础上，采用与其相适应的植物种类，或者也可以对具体地区进行综合性考虑，这样就会逐步形成具有地区特色的景观，从而逐步构建起全国整体的生物多样性保护架构。

[1] 原生植物：在原生植物方面必须要特别注意的是，作为自然度高的地方之所以成为生物多样性的重点，是因为这个地方成为种植对象。在这方面，要注意以下 3 点：①要确认种植对象地的自然植物群落的特征和范围；②这个区域的引进品种，只限于构成这个地区自然度高的植物品种；③出于基因的考虑，在多样性保护方面，要使用当地土生土长的植物或者是以这些植物为母本繁衍的种类。这样，就可确保保护这个地区生态环境的多样性。

[2] 外来植物：在生物多样性的重要性的呼吁声中，外来植物的入侵对地域固有的生态环境给予的影响越来越受到重视。一个是繁殖力非常强的外来植物对原生植物造成的驱逐问题，一个是外来植物与原生植物杂交后造成了对基因的扰乱问题。受此影响，日本在 2004 年 5 月，特意出台《防止特定外来生物破坏生态环境的相关法律》（特定外来生物法）以应对外来物种对生态环境可能造成的大破坏，从而禁止输入、饲养、移植或是驯养等各种活动。其中主要列举了浣熊、牛蛙、黑鲈、克氏原螯虾等动物，关于植物则列举了大金鸡菊、大藻、粉绿狐尾藻等草本类植物。但是事实上还有更多的物种，比如《外来种指导书》（日本生态学会编，地人书馆，2002）中列举了更多的更具侵略性的植物，重阳木、刺槐、黄菖蒲、凤眼莲、鸭茅、高茎一枝黄花等与造园密切相关的植物都榜上有名。现阶段要不仅限于这些已经发现了的植物，与此相对应的，除了要限制使用名单上所列的植物，我们还要保持高度警惕，根据地方情报所反映的状况进行清晰地判断，只要涉及外来植物的使用，就一定要非常慎重。由于地区不同，这些外来植物的表现也会不同，或许今后还会有更多的限制种类出现，而为了具备不能有任何差错的应对能力，是不是对造园家资质要求更高的时代也会相应到来呢？

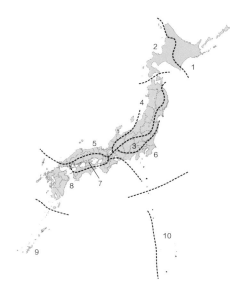

左图为 1997 年日本环境厅为了生物多样性保护而绘制的日本国土区分的试行图，勘查了岛屿和动物分布的地理情报等等后，将全国环境分为 10 个区域。原生植物的移植和为了母本品种选定而进行的植物材料的采伐及繁殖活动，如果能够在这个区分图的指导下进行的话，可以在一定程度上避免地域固有的生物多样性受到扰乱。但是事实上，植物的品种、变种的栖息地环境，区分是很细致的，这个大的区分图显然太过粗略，因此还要根据具体项目所处的位置，进行详细的区分。

1 北海道东部区域；2 北海道西部区域；3 本州中北部太平洋侧区域；4 本州中北部日本海侧区域；5 北陆、山阴区域；6 本州中部太平洋侧区域；7 濑户内海周边区域；8 纪伊半岛、四国、九州区域；9 龙美、琉球诸岛区域；10 小笠原诸岛区域（海洋岛屿）

认知植物物候期的美景与底色

植物萌芽、展叶、落叶、开花、结果与动物的休眠、孵化、形态变化等等，这些自然界中动植物展现出的与节候相应的各种变化现象，被称为物候期，并分为植物物候期与动物物候期。而其中植物物候期与植物紧密相关，对于园林建设来说是不可欠缺的必备知识。

以观赏为目的的庭园树木，一般都是因其具备其他植物所没有的独特魅力而被选定的。庭园或公园等场所所见的植物，都是由可在不同季节进行观赏的各种植物组合而成，这些植物有着丰富的季相变化，为大地增添了色彩，四季满足着人们的眼福。园林植物的种植要点，就是通过合理配置，将植物所具有的季相美与独特魅力充分表达出来，以满足人们四季的观赏需求。

在春天，以周围的树木和残留的大地冬姿为背景，最早开放的樱花成为最绚丽的图画；到了夏天，之前是背景的八仙花、紫薇则替代樱花构成新的图画，而樱花则在夏季不再是主角，而成为浓绿色的背景色。在鲜花盛开较少的秋天，枫树、银杏及蜡树等彩叶树和红花石蒜则呈现出火焰燃烧般的画面；冬日晴空中，除了有高大的柿树、夏蜜橘等果树吸引着人们的目光，而落叶树伫立的姿态以及皑皑白雪中醒目地呈现火红果实的草珊瑚、朱砂根等也在冬天成为主要观赏对象。

这样许许多多的造园植物，随着物候期的变化，有时候是美丽的风景图画，有时候则是图画的底色，年年岁岁，相互转换，美丽的风情永无止境。如果能够成为主要观赏植物的话，具有特殊的树形或叶形的苏铁、棕榈类、丝兰、蓝朱蕉、新西兰麻，和圆锥形的针叶树、垂枝类植物，或者是培养为人工的特殊造型、云片状修剪树木、植物球、绿篱、绿色雕塑等等，一整年都会作为图画赋予风景特征。而具有常绿叶子的米槠类、栎类、全缘冬青、杨梅等植物，则通年作为庭园的背景、构成观赏景致的衬底。这些植物无论是担纲主角还是配角，都是造园种植不可欠缺的。

此外，在重视生物多样性的项目中，掌握动物物候期以知晓动物活动状况，对于造园植物的种植有着更为重要的意义。小鸟和蝴蝶等的造访也是一种风景，为了有效防止植物被昆虫侵害，也必须知晓动物的物候期。

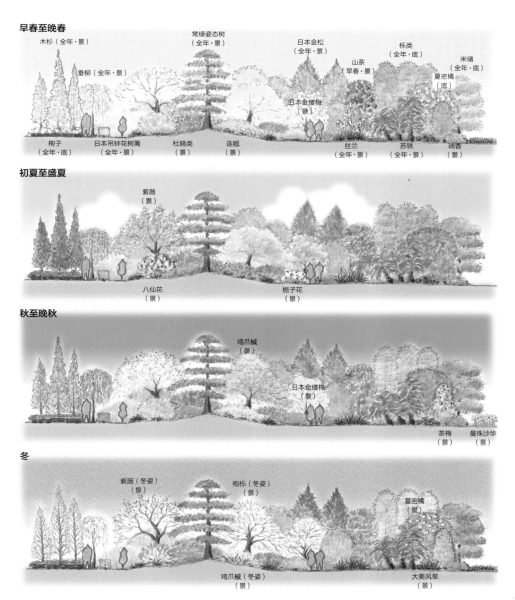

早春至晚春

- 木杉（全年・景）
- 垂柳（全年・景）
- 常绿姿态树（全年・景）
- 日本金松（全年・景）
- 山茶（早春・景）
- 枹类（全年・底）
- 米储（全年・底）
- 夏密橘（底）
- 日本金缕梅（景）
- 梅子（全年・底）
- 日本吊钟花树篱（全年・景）
- 杜鹃类（景）
- 连翘（景）
- 丝兰（全年・景）
- 苏铁（全年・景）
- 瑞香（景）

初夏至盛夏

- 紫薇（景）
- 八仙花（景）
- 栀子花（景）

秋至晚秋

- 鸡爪槭（景）
- 日本金缕梅（景）
- 茶梅（景）
- 曼珠沙华（景）

冬

- 紫薇（冬姿）（景）
- 枹栎（冬姿）（景）
- 夏密橘（景）
- 鸡爪槭（冬姿）（景）
- 大美风草（景）

景与底的相互转换。花、新芽、果实和红叶等毕竟吸引人们目光的时间较短，而常绿树由于常年没有太多变化，成为耐观赏的持续、稳定的景象

蜡树的红叶。一年中红色期较短，短暂绚丽的花开与秋天的红叶一样，只有在特定时期才会有美景可观，平常的夏日，则被绿色所淹没

有着特殊的外形以及紫红色叶的紫叶澳洲朱蕉作为植物构成的图画，全年都是风景的主体

有意识设置近景、中景、远景，营造层次丰富的景观

造园技术的本质，就是营造出能够打动观赏者，引起感动与共鸣的风景。

风景会因观赏距离的远近而予人的感受不同。近距离观察的话，一朵花的造型、色彩、质感，甚至花朵上小昆虫的活动都可以清楚看到；中等距离的话，可以看到花丛的整体色彩与植物全体的关系、小鸟在树间飞翔的身姿等；而更远距离观察的话，小的花朵与动物们的活动则都淹没在大风景中，候鸟和黑鸢的飞翔、远山与树林融为一体、云天同为背景。在庭园与公园这些有限的空间内，则可以使用技术，将上述景观效果进行提炼、组合后表达出来。

远近法原本是绘画中常用的远景、近景的表达方式。日式庭园中，为了营造出幽深感觉时也常使用远近法。如京都修学院离宫的庭园中，近景采用大块混植灌木绿篱加上可鸟瞰的中景庭园，再借景远山，组合成了非常宏大的庭园场景。

此外，早先栽植的一排梅花作为近景，除了让观赏者眺望庭园的时候产生幽深之感，还与远景也产生了对比效果。

天桥立的多重景致

日本三景之一的天桥立，最美的地方是长约 5.6 公里的沙洲，由黑松为主体构成延绵的松林。如果从后面的山丘向下远眺此远景，则效果更佳

以远山为背景，远眺至将松海分隔开来的运河大桥，肾叶打碗花群落铺展开来，将沙洲染成了桃红色

在明亮的林间开放的蓟

巨大的黑松组成的松海中，与环境相适应的各种各样的植物栖息在此，吸引着游人驻足

洼地里丛生的间断球子蕨

凑近观察，可以看到古松的树干上，附生的好几种苔藓、地衣植物描绘出一幅艺术图案

为提升借景效果，将面前的松树修剪成小体量的造型，这种远近法是园艺师们惯用的传统艺术手法

植物景观的成型与时间

　　历史悠久的庭园和社寺中的树木历经多年的生长与养护，给人以苍劲古拙之感，栽植的树木对其生长的土地以及周边树木也都产生了巨大影响，各种树木的树干、枝条无不体现出这种影响的结果，整个树林都写满了历史沧桑。

　　具一定年份的大树或古树固然可以为庭园营造出很好的氛围，但多数树木逐渐适应环境、给人岁月静好的美感则需经过时间的历练。成型的植物景观的条件之一就是植物个体能够与土地相适应，另外一个条件则是植物与植物之间也能够和谐共生。

　　植物个体对土地的适应就是，将根切断、从其他地方移植而来的植物，在新的土地上扎根，逐步适应周围的环境，舒展新的枝条焕发出新的美姿。而这所需要的时间，会因植物的种类和规格、土壤环境以及植物本身的特性的不同而有所差异。一般情况下，市场上常见的绿化树木，在暖温带的气候条件下，高乔类树木大约需要 5 ～ 7 年，低乔木大约需要 3 ～ 4 年，灌木类大约需要 2 年左右，草本类植物至少需要一整年。而如果想要呈现出独特的风格或者是厚重的历史感的话，则需要更长的时间。

　　植物之间的和谐共生就是，与相邻植物共同将周围的空间进行很好的分隔，无论是从植物生长状况还是从景观效果上，都达到良好的状态。造园植物的栽植，应该与庭园整体以及相邻的植物的生长状况相对应，不应该突出某一个体，而要采用修剪或者短截的方式，假以时日以达到良好的效果。有时，需要参考自然树木生长的样子进行修剪管理以呈现出自然趣味，人工造型的绿篱则要使其人为的痕迹与特点更加浓厚与彰显。同样，想要达到好的景观效果也需要时间，高乔类植物同样至少要 5 ～ 7 年。

1992 年 5 月（改建后 10 个月）

2005 年 8 月（改建后 15 年）

图以浦安街景为例。曾经市区的四分之三都是缺少绿色的道路，改建时以其临海地原生的高乔类植物为主体，构建起市区街道绿地的主要骨骼。改建刚完成时，左图内仍可以从树木的间隙看到道路，而大约 14 年后的右图照片中，已然绿树成荫，无论是住宅区，还是街道的路面，都隐没在绿荫中了

无良好栽植基础则无良好栽植效果

　　植物能够适应其所处的土壤环境扎根生长，地上部分也能够枝繁叶茂。大乔木粗大的主根伸展到土壤深处、大范围地吸取水分和养分，侧根和细根与主根一起对植物起到支撑作用。与大乔木相比，小乔木延展的范围相对要小一些，草本类植物则主根不发达，只有在土壤的浅层有细细的须根，能够有效吸收土壤表面的水分和养分。

　　与以收获为目的的农业和林业不同，造园植物是要与土壤相适应、长成健全的个体能够长时间地被观赏。为此，要尽量创造良好的栽植条件，以便植物的根系向土壤深处、更广的范围延伸，从而能够抗持续的强风和干燥。下页右上图即为林地植物以及孤植树木的根系分布与土壤的关系图，如图所示，植物能够最有效利用的就是由有机物堆积而成的通气性和透水性都良好的蓬松的 A 层。

　　但是，造园栽植地的多数情况为人工挖土、回填土混合在一起，此外，由于常常地处加固了基础的道路和建筑周边，建设用地一般都被机械进行过夯实。这样，在这种板结了的基础条件下进行栽植时，如果只是挖掘种植穴进行栽植的话，那么，除了植物的根根本不可能扩展到种植穴以外的范围，种植穴内还容易储留雨水，使植物的根缺氧而腐烂坏死。

　　解决办法是必须使板结了的土壤中产生空隙从而能够储存空气和水分。如下页右下图所示，首先是要用耙子或耕土机等将板结的土地进行松土。如果原有的土壤中有机物等养分丰富的话最好，如果土地较为贫瘠的话，要将富含有机物的表土和发酵好的堆肥等覆盖在种植地上以便改良土壤有机质，并且要预先将土壤表面松土以保证吸收效果。改良的范围并不是越深越广就越好，控制在一定范围内即可，一般乔木类60cm、灌木类45cm、草本类植物30cm 就可以。如果可以做到以上所述，除了保障造园植物的生长发育，随着树木的生长，土壤表层逐渐堆积枯枝落叶还可以形成相当于 A 层的土层。

　　如果土壤种植条件恶劣的话，即使是昂贵的树种也照样会长势衰弱甚至死掉，所以说造园种植成功与否主要取决于种植基础条件的好坏并不是言过其实。这就是在土地方面的花费要比在植物上的花费要多的理由。

树林根的分布

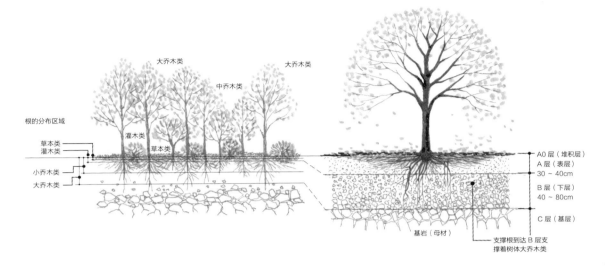

大乔木类

中乔木类

大乔木类

根的分布区域

草本类
灌木类
灌木类
草本类
小乔木类
大乔木类

土壤断面与孤植树的根的分布

A0 层（堆积层）
A 层（表层）
30～40cm
B 层（下层）
40～80cm
C 层（基层）

基岩（母材）

支撑根到达 B 层支撑着树体大乔木类

团粒构造

各种土粒由于富含有机质而形成一团，这种土粒集结在一起形成土壤，不但通气、透水性好，并具保肥力、保水力，适合植物的生长。自然界中这种含有机质的土壤称为 A 层土壤。

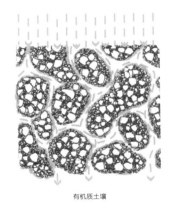

有机质土壤

单粒构造

各种土粒都是独立的土壤，或是非常容易干燥的粗沙砾或沙土，或是不容易排水的细粒黏土，土壤中的空气和水的状态都是较为极端，由于缺少有机物，不适合植物的生长。

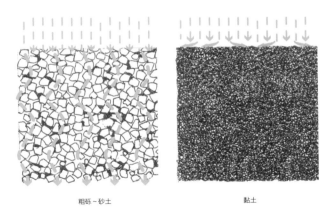

粗砾～砂土

黏土

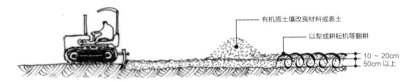

有机质土壤改良材料或表土

以犁或耕耘机等翻耕

10～20cm
50cm 以上

栽植土壤基础营造的模式图

用排除法进行植物筛选

可以说植物材料的选择是种植设计中最重要的项目。造园所用的植物材料可分为北方树种、南方树种、乡土树种、外来树种、改良品种等，种类更是数以万计，而最终要决定在施工现场具体使用哪一种。其顺序是，先要根据种植目的和植物种的环境适应性等重要内容进行筛选，其次则根据植物材料的规格等设计条件进行选择。

对于树种的选择，影响最大的因素是环境条件对植物生理的相关内容。对于乡土树种，根据其是否是所在地域的构成种就可以进行判断。对于外来树种和改良品种，则有必要观察其生长状态是否良好。无论是哪种环境，对于植物的适应性影响最大的就是温度条件，尤其是最低温度对植物能否正常生长影响最大。此外，植物的耐水、抗风性的强弱则决定了其能否承受湿度和强风等极端气候的影响。其次是土壤条件。雨水充沛的日本，如果土壤排水性好的话，多数植物可以健康成长，但是事实上，多数土地是积水过多，不利于植物生存。在湿地和淤泥地以及盐碱地等基础上填埋出来的种植环境，限制了植物健康生长。

种植对象如果是和以上所说情况大体相同的话，那么具体落实在设计中的时候，一定要先确认下满足规格、数量等设计条件的植物材料在市场上是否生产。作为绿化植物的常见树种，树形和叶子、花和果实等都具有观赏价值，而且还便于移植与修剪，还不易产生病虫害。公园与公共绿地等常用的绿化树种可以预先大批量地生产，其规格与价格也能够在《建设物价》和《预算资料》中查到。

但是，常见的绿化树种仅仅是一部分造园植物材料，关于体现自然的多样性和地域特色的乡土树种、新引入的外来植物和改良品种、浓缩了农艺师技术的孤植观赏木、种植在高层建筑周围防风用的常绿大乔木等植物材料的尝试与探索，需要不断地向植物生产者等收集相关信息。对植物栽植要求标准越高，就越需要对更多的植物进行筛选，而且筛选的项目越细致，最终选定的植物越符合目标。

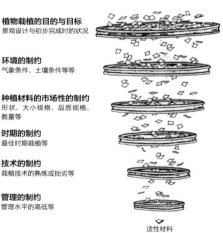

植物栽植的目的与目标
景观设计与初步完成时的状况

环境的制约
气象条件、土壤条件等等

种植材料的市场性的制约
形状、大小规格、品质规格、数量等

时期的制约
最佳时期栽植等

技术的制约
栽植技术的熟练或拙劣等

管理的制约
管理水平的高低等

适性材料

植物材料选择模式图

第4章

栽植手法

认识乡土植物的自然分布区域和
栽植分布区域

　　如果把乡土植物从远古时代以自然状态自生自灭的区域称为这种植物的自然分布区域，那么由有目的的栽植而扩展的区域就是栽植分布区域。对于乡土植物的自然分布区域与栽植分布区域的关系，人类越需要的植物其种栽植分布区域越广，利用价值越低的植物种植分布区域就越小。以有多个栽植品种的枫树类为例，代表性的庭园树鸡爪槭在全世界各区域广泛分布，而较少作为庭院树使用的原产日本的色木槭的栽植分布区域则与其自然分布区域基本重合（p81 右图）。而原产国外的枫树、红羽毛枫等众多栽培种，其在日本的分布区域自然全部是栽植分布区域了。

　　对植物生长影响最大的因素是水分和温度，而对于受自然恩惠全年降水丰沛的日本，气温则对植物的分布影响特别大，从而使日本的植被带与森林带的分区也基本上与温度的高低是关联的。理所当然，因某区域的各种植物的生长受温度条件左右，当这些植物向其他地区移栽的时候，若移栽地区具有类似的温度条件，植物衰弱、枯损的程度就会很小。在以植物生产为产业的农林业中，常常以此为标准从国内外气温类

日本的气温带分布图

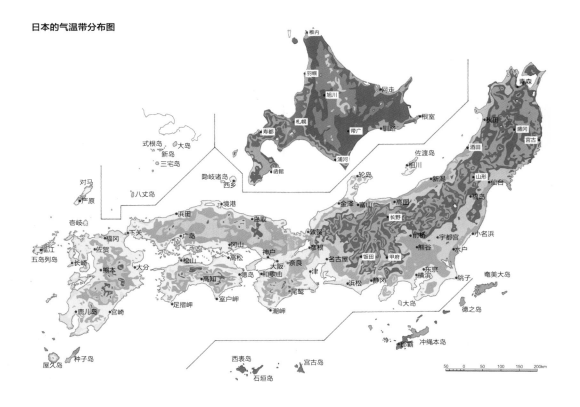

似的地区引入有用的植物，并进行多次的改良，从而培育出新的品种来。

　　同样，造园植物也是从国内外大量引入的多样种类中，选出观赏价值高的种类，进一步通过挑选、杂交等，选育出抗病虫害且能适应性强的品种，将其作为绿化树种向全国推广。

　　原产日本的乡土植物的分布区域，大体上可以通过在地图上标示该地区植物群落分布的现状植被图和表示各植物群落种构成的组成表获知。外来植物也可以通过确定其在原产地的生长环境，归纳总结出适合该植物的栽植地。同样，对于栽培种来说，选育种需要通过其原种，人为杂交种则需要通过其亲本来源，来判断其栽植地的适性。

　　耐寒分区地图是根据各地区年最低气温的平均值制定的，表示适宜植物生长的温度带图示。这种图示在地域辽阔、气候带多样的美国、欧洲、澳大利亚等地也被制定出来，以作为农业、园艺等相关部门的栽培指南。日本虽然国土面积不大，但南北狭长，海拔超过 2000 米的高山也很多，包含着从亚热带到亚寒带的众多气候带，因此，关于日本植物种适性气候带的情报是十分必要的。日本仿照耐寒带地图的方式制定的气温带地图，是在特别关注左右植物生长的年最低气温的基础上，根据 Aboc 社的调查，进行地图化、与国外的分布地图相关联而制成的，对于查询在造园栽植中使用的由国外引种的外来植物的适性来说，也能提供很详尽的参考。

气温带区划及主要城市

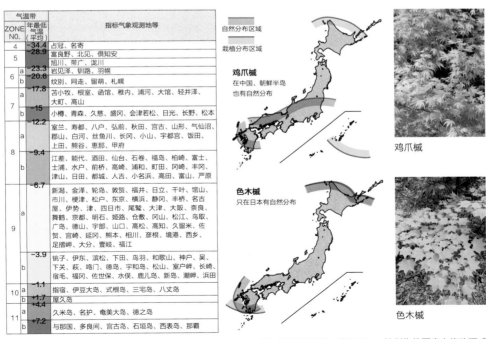

气温带 ZONE NO.		年最低气温（平均）	指标气象观测地等
4		-34.4	占冠、名寄
5		-28.9	富良野、北见、俱知安
			旭川、带广、泷川
6	a	-23.3	岩见泽、钏路、羽幌
	b	-20.6	纹别、网走、留萌、札幌
7	a	-17.8	苫小牧、根室、函馆、稚内、浦河、大馆、轻井泽、大町、高山
	b	-15	小樽、青森、久慈、盛冈、会津若松、日光、长野、松本
8	a	-12.2	室兰、寿都、八户、弘前、秋田、宫古、山形、气仙沼、郡山、白河、丝鱼川、长冈、小山、宇都宫、饭田、上田、熊谷、惠那、甲府
	b	-9.4	江差、能代、酒田、仙台、石卷、福岛、柏崎、富士、士浦、水户、前桥、高崎、浦和、町田、冈崎、丰冈、津山、日田、都城、人吉、小名浜、高田、富山、严原
9	a	-6.7	新潟、金泽、轮岛、敦贺、福井、日立、千叶、馆山、市川、梗津、松户、东京、横浜、静冈、丰桥、名古屋、伊势、津、四日市、尾鹫、大津、大阪、奈良、舞鹤、京都、明石、姬路、仓敷、冈山、松江、鸟取、广岛、冈山、宇部、山口、高松、高知、佐贺、宫崎、延冈、熊本、相川、彦根、境港、西乡、足摺岬、大分、壹岐、福江
	b	-3.9	铫子、伊东、滨松、下田、鸟羽、和歌山、神户、吴、下关、萩、鸣门、德岛、宇和岛、松山、室户岬、长崎、宿毛、福冈、佐世保、水俣、鹿儿岛、新宫、潮岬、浜田
10	a	-1.1	指宿、伊豆大岛、式根岛、三宅岛、八丈岛
	b	+1.7	屋久岛
11	a	+4.4	久米岛、名护、奄美大岛、德之岛
	b	+7.2	与那国、多良间、宫古岛、石垣岛、西表岛、那霸

自然分布区域

栽植分布区域

鸡爪槭
在中国、朝鲜半岛也有自然分布

鸡爪槭

色木槭
只在日本有自然分布

色木槭

80-81 页的图表，是在 Aboc 社制作的图表上修改而成

既存的 "绿" 的价值

　　既存的植物，其价值远非市场销售的栽植材料可比。计算既存植物的价值，要另外追加该植物在其所在地长久存在的历史价值和与其所在地土壤一体生长的生态价值。

　　植根于某地神社寺庙的树林、房屋旁树林、农田中的古树等背负着历史烙印的既存植物，别说是对当地居民，就是对旅游者来说，也会作为人类的生生不息的物证，给人以深刻印象。此外，这些绿色植物与生存着土壤微生物、菌类的表土一起，作为生物多样性无可替代的据点，意义十分重大。

　　如此，既存的绿色植物的价值，是传达那块土地生长的历史性与自然的多样性的相互融合，成为其独一无二的固有属性。在进行一切造园规划时都应该注意，要尽可能地把从远古时代起就根植于规划地块的既存植物与支撑着植物的土地，连同表土大范围地保护起来。特别是对于大部分区域都换成了历史短暂的植物的城市区域，即便是对于哪怕一株树木，一小片很小的草地，也要养成将其保护起来的习惯。

在广阔的耕地中受到保护的点状的树群根部，因信仰放置石佛，日本草蜥及其他的生物在此栖息定居，昆虫或鸟的移动迁徙中也可做短暂停留（千叶，佐原）

大树、古树的意义和使用方式

　　一棵树要表现出它的个性需要经历长久的岁月。大树、古树所具有的深厚意义在于：在严酷的环境中生存从而脱颖而出的证据在树干、枝展等树木的全身表现出来，这具有独特的趣味和深远的意义。杉树、银杏、松树、榉树、樟树等等，树龄超过500年甚至1000年的个体也不稀奇。在以自然崇拜为原型的佛教国家日本，有把古树、巨木被当做神灵宿主，在其周边修筑垣墙，在其树干上系上稻草（许愿绳）的习惯。由此，不仅仅限于神社，大树也会在学校的庭院中、街角等处经过若干岁月，作为该地区的标志与人们世世代代亲密相处。甚至有一些大树经历长年累月，又深又广地扎根下去，稳固土地，抵御强风暴雪、防止建筑物倒塌等等事例，对土地保全、灾害防治等也有重大的贡献。

　　种树可以说是花钱买时间。花大笔钱也要寻找历经漫长岁月的巨木古树，其原因是重视风格和趣味。还有，日本庭院的建造不仅仅是风格的表现，其中也有使大树有效成活的栽植手法。从粗壮的树干、绰约的枝展的风景中让人感受景深的"流枝"、"门冠"的栽植，到在绿地边缘配置老梅树使向进深处伸展的主庭让人感受"庭院深深"的感觉，这样的手法被广泛使用，正是有了在近景中十分耐看的风姿和形状的巨木古树，才能演绎出如此美景。

柳杉直径可以达到5米，树高达到50米，其中有树龄超过1000年的屋久柳杉的威容具有超乎寻常的存在感（屋久岛）

在校园中形成广阔树荫的日本棟树，作为学校生活回忆的风景深深地印刻在学生们心中（冲绳，濑喜田小学校）

据说树龄超过1000年的樟树长满苔藓的粗大树干具有压倒性的存在感（爱知，热田神宫）

超过30米的鹅掌楸，是历史悠久的公园的标志物（东京，新宿御苑）

系满了神签的银杏树（神奈川，鹤冈八幡宫）

"役木" 和役木的配植

　　对应为委托方对风景千差万别的喜好而最终形成的庭园栽植来说，标准的单一答案就能满足这种需求是不可能的。但是，可将以往的实例、经验进行理论化，以求将其作为进一步应用的基础，这与花道和茶道是同样的。

　　役木，是在江户时代中期成书的庭园建造专著《筑山庭造传》[1]中关于配植法的条目中，作为与筑山及平庭相关的重要树木，与役石一起被记载的。其中关于役木的作用的定义，是在庭园的重要场所，以景色趣味的强调、调和、点景和防止危险为目的所栽植的树木，根据栽植的位置赋予名称。这个解释不但在当时是合理的，在庭园形式多样化的今天也是很重要的参考。另外由于役木的栽植位置具有特殊含义，虽然对使用树种没有特殊规定，但考虑到其特定的目的，自然而然地会筛选到少数几种树种和规格。

　　筑山和平庭形式的主要树种和役木：

正真木：作为庭园的主景树种植的有风姿的大树。

景养木：为在中岛上形成独特风格与趣味种植的枝展优美的松树。

寂然木：从庭院中心向外扩展的静谧的树丛开始的树。

夕阳木：偏离主景，种植花木或红叶树构筑一处风景。

见越松：在主景的背景处种植以松树为主的树木使主景突出。

流枝松：在水池边种植长长的枝干与水面平行伸出的松树。

飞泉障树：为不让瀑布的全貌一览无余，在瀑布口或前方种植落叶树。

桥本木：与桥边置石类似，在桥头处种植树木。

庵添木：为了增加景致，作为建筑的点景种植树木。

土手见越木：为不让土坡地形一览无余在坡面上的种植。

池际木：为打破广阔水面的单调性在水边种植枝干向水面挑出的树。

垣留木：门侧矮围墙等垣墙端头立柱处的种植。

袖香：在缘先手洗钵的袖垣隔断外种植仿佛从树枝上滴水入钵的药用植物梅花。

灯笼控木：为增加情趣在灯笼的后侧或两侧种植。

灯障木：仿佛知道灯笼中灯的位置，像枝条架在灯笼的灯口一样种植的灌木。

钵清木：追求与袖香一样的风格情趣和药效，在钵前手洗钵的里侧种植姿态优美的树。

井会释树：为增加情趣在井旁的种植。

下井户荫树：为了树枝在水面落下影子，仿佛深入下探式水井的井中或者是水边种植树木。

冢添木：为增强气氛在坟后、坟上或者肋部种植树木。

[1]《筑山庭造传》：在这本书中，有 1735 年刊行的北村援琴斋的作品和 1828 年刊行的篱岛轩秋里的作品两部分，分别被称为前编、后编，关于役木的部分在前编记载。每一部分都是古代流传的作庭密传书与同时代相结合的实用书的集大成者，为后来庶民阶级的庭园建造普及做出巨大贡献。作为它的注释本，《筑山庭造传（前编 . 后编）》出版发行，关于本书主要树木和役木的记述，是对前编、后编记载的注释简述。

引自：上原敬二编《筑山庭造传（前编、后编）解说》（加岛书店，1989）

池际木（紫薇） 庵添木（姥芽栎） 桥本树（垂柳）

流枝松（黑松） 灯障树（卫矛） 景养木（黑松）

飞泉障树（鸡爪槭） 井会释树（金桂） 灯笼控树（鸡爪槭） 土手见越树（黑松）

自然树形与人工树形区别使用

在自然的森林中多数的树木成为群落组成树林，各个个体由于与周围的树木相互力的关系，其树形有各种各样的变化，形状不是确定的。但是把一棵树在开敞的空间里作为孤植树栽培，树种具有的遗传性特征会表现为树木姿态，每种树会大体上成长为相似的树形。因此远远看过去也能大致说清树种。这个树形称为该树种的自然树形，与群落中的树形即天然树形有所区别。

与此相反，人工树形是不限于自然树形，由人工处理形成新造型后的树形。为了容易收获果实压低枝条的果树造型，修剪而成的绿篱、造型树木，和模仿动物造型的植物雕塑等也属于这种树形。

只是在日本的造园栽植中最常见的是不破坏每种树的自然树形，由修剪稍微整形而成的矫正型树形，根据手法和程度的不同属于从人工树形到自然树形过渡的范围内。

关于造园栽植中自然树形和人工树形的使用区别是比较明确的。如果希望出现自然的风味就使用自然树形的树木，人工树形的树木则限定在设施、建筑、直线型的城市道路周边等人造空间使用。这样通过同样树种的自然树形和人工树形的区别使用，即使在有限的空间中也可以有效地演绎出从自然到人工的丰富多彩的风景。

周围开敞的空间中作为独立树栽培的
树木呈现树种特有的树形

群落中生长的树木因与近旁的树木长势
竞争而形成各种各样的树形

海蚀崖的松树（西伊豆）

海岸防风林的松林（三保）

庭园中的松（广岛）

建筑地的松（岛根）

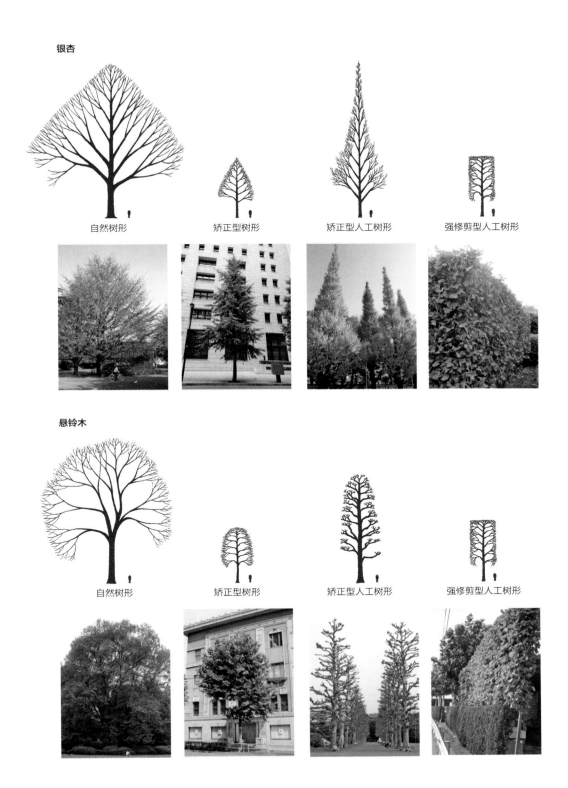

银杏

自然树形　　矫正型树形　　矫正型人工树形　　强修剪型人工树形

悬铃木

自然树形　　矫正型树形　　矫正型人工树形　　强修剪型人工树形

缩坨和打包技术支持着
日本独特的庭园建造

　　移植，是把植物从原生长地移至别的场所并栽植的行为。从种子或是小苗开始，生长的树木的根与它的枝展有着同等的宽幅，吸收水分和养分的细根长在根的先端。但是出于移植的需要，必须通过断根而使根缩短收装入一定的范围，这使细根损失殆尽了。这样的植株直接挖起来移植，叫作荒掘或直掘，因这种方式已经把吸收水分的细根切掉，如果保持植株原有的状态进行移植树体就会水分流失、衰弱甚至枯死。为使其存活，就必须修剪掉与切除的根的量相当的部分枝叶，减少从树体的水分蒸发，等地上部分枝叶与后来的细根再生的同步恢复。这样的树要恢复其可观赏的树形，大型乔木需要 5 年以上，中型乔木需要 3 年以上，小型乔木需要 2 年以上。

　　为避免上述情况发生，尽可能保持原有树形移植的技术即缩坨[1]和打包。缩坨，是在截根后的状态下，放置 1 ~ 2 年的时间，让树木在原场地细根再生的操作，细根再生充分则枝叶切除很少即可满足需要。为此，大树、古树常有放置 2 年以上的时候。而打包，是在移植原有树木时，为使土与根在一体不散的状态下移植，使用草绳等缠绕而成根坨的操作。这两项都是日本苗木生产的基本性技术，需要根据树种与根的状

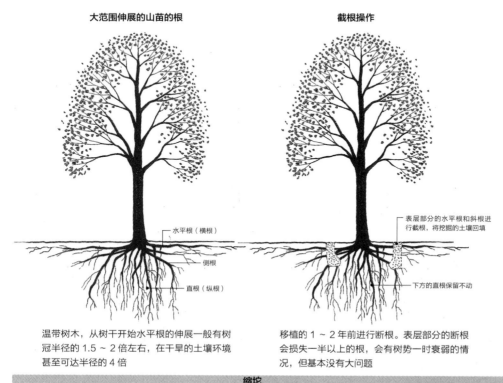

大范围伸展的山苗的根

水平根（横根）

侧根

直根（纵根）

温带树木，从树干开始水平根的伸展一般有树冠半径的 1.5 ~ 2 倍左右，在干旱的土壤环境甚至可达半径的 4 倍

截根操作

表层部分的水平根和斜根进行截根，将挖掘的土壤回填

下方的直根保留不动

移植的 1 ~ 2 年前进行断根。表层部分的断根会损失一半以上的根，会有树势一时衰弱的情况，但基本没有大问题

缩坨

态综合考虑操作的适合时期，对树体的再生力及枝叶去除程度的判断，需要具备用适量的草绳使根坨具有良好的通气性又能牢固不散的技术，以上这些都是必备条件，而想熟练掌握则必须有长期的经验。

　　缩坨、打包共同作为维持苗木质量的最重要技术，这样一系列的技术，是多种多样的栽植材料从山野上收集而来，使日本独特的苗木业得到发展。日本的造园栽植之所以被赞为世界领先，就是由于栽植完成后马上成为完成度很高的庭园建设成为可能的高超的园艺师的技术，做着巨大的贡献。

[1] 缩坨：最初是指为使树木移植安全进行，事先以树木的干为中心把根的周边切断让细根再生的操作的造园用语。因其与事前工作相通的含义，也指会议等的出席者事先说明意图、情况，预先取得共同意见。

 ▶  ▶

为表达对大树的敬畏和崇敬之情，在挖取前先祭祀神明　　打包完毕的状态　　地块内环岛中移植当年的萌芽状态

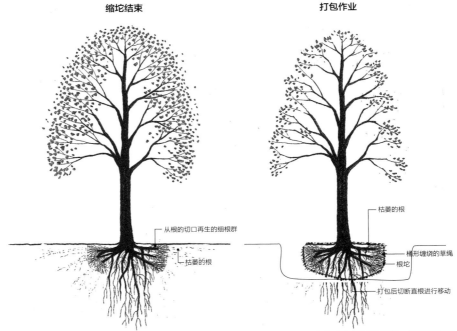

缩坨结束　　　　　　　　　　　打包作业

从根的切口再生的细根群
枯萎的根

枯萎的根
桶形缠绕的草绳
根坨
打包后切断直根进行移动

地温高的情况下 2 个月后左右，开始在根的切口及其周边再生细根，即使是大树也能在1～2 年后不损失树势进行移植

打包是在栽植适合期内在细根的前端一侧不让散坨进行草绳缠绕，切断直根后将坨挖起的操作。此时，需结合直根的切断量疏剪枝叶

打包

适时栽植是大原则

造园的栽植，是把已经适应栽培、成长所在地环境的树木，移动到环境不同的新天地中，并且由于同时还伴有根、枝、叶的切除，栽植会使树木的活力、养分的摄取力大幅地衰退。就像是人经历了大手术，对树木来说负担是极大的。

要减轻这种负担栽植技术是很重要的，同时栽植时期的选择的重要性也丝毫不弱于栽植技术。因不适期的栽植而引起的损伤会使植株生理紊乱，植株即使带着根也需要花费很长的时间恢复，由此会引起树形劣化，叶片萎缩等后遗症，并会持续很久，因此关于造园适期栽植必须优先考虑。

栽植的适期，是对树体来说负担最少、消耗最少、时机最好的恢复时期。随季节变化，气温、湿度等对树木发育有很大影响，发育周期不同的落叶树、常绿树、针叶树、竹类、棕榈等，栽植适期也会出现不同并且这个时间因地域不同也会不同。右表所示是以东京为基准推定的栽植的适期与不适期，以此为参考关于其他地域的栽植适期也可以大体上推想出来。以此为标准，可以知道植物大体上共通的适期有：①春季发芽前的春分时期；②生长变弱开始准备休眠的秋分时期；③新芽的生长停止夏芽萌发前的梅雨期。追求在限定的期间能够栽种多种植物的造园栽植，按照这个对应时期去栽植可以减少植物的衰弱。

另外还想对应个别树种的适期的话，①耐寒性强的常绿针叶树休眠时的冬季；②暖地性的常绿阔叶树在地温上升时春分期、寒冷来前的秋分期和恢复力高的梅雨期；③落叶树进入休眠准备的晚秋到第二年萌芽前；④竹类和热带、亚热带的棕榈类则为没有冻害之忧的晚春到初秋。

但是，造园栽植一般与土木或建筑工程同时进行，要与它们的工程合并进行，不管适期不适期都要进行的情况比较多。特别是支撑着很多国土绿化骨架的公园、公共绿地的栽植，在指定的时期内施工是必尽的义务，在各种各样的场合众多植物长势衰退，同时招来景观性和经济性损失的例子不在少数。

在一个很重视主题性风景营造的大规模游乐设施的栽植案例中，将多达数万株、数千种的栽植材料，按右表所示分为常绿针叶树、常绿阔叶树、落叶树、竹类、棕榈类五种，按照造园方的提示，各组的栽植适期优先对待，与土木、建筑施工工程共同协调组织施工。这样做法，其结果是树木在栽植后马上顺利生长发育，做到了在短期内再现了大树密生的森林和壮阔的河岸景观。这个案例，正是由于业主方有"植物对主题风景营造是不可或缺的"这样强烈愿望才能实现的。在已迎来高龄化、成熟社会的日本，四季常有的多彩花朵和绿色的风景的必要性会越来越高。在此，笔者认为没有健全的绿化就没有舒适的生活，留心以植物为核心的适期栽植，是作为管理生命体的造园家的任务。

栽植的适期·不适期

月	1	2	3	4	5	6	7	8	9	10	11	12

四季
- 初冬~冬：休眠期 ※常绿树不会完全进入休眠
- 早春~春：新芽即将展开的时期 ※根生长开始时
- 晚春：新芽的展开期
- 初夏：新芽生长停止肥大充实的时期
- 盛夏：土用芽出芽的时期 ※常绿树少
- 晚夏
- 秋：养分在树体积蓄后落叶的时期 ※常绿树不落叶
- 初冬~冬：休眠期 ※常绿树不会完全进入休眠

春彼岸 3/18~24 ｜ 梅雨 6/10~7/10 ｜ 土用 7/20~8/8 ｜ 秋彼岸 9/20~9/26

常绿针叶树：耐寒性强的植物为适期 — 适期 — 适期 — 适期 — 耐寒性强的植物为适期

常绿阔叶树：适期 — 适期 — 适期

落叶树：耐寒性强的植物为适期 — 适期（必须要摘叶）— 适期

竹类：适期（温度高的时期可以，在竹笋出笋前为好）

热带·亚热带棕榈类苏铁等：适期（梅雨季或到梅雨刚结束为最适期）

図例：
- ⨯⨯⨯ 最不适期
- ／／／ 不适期

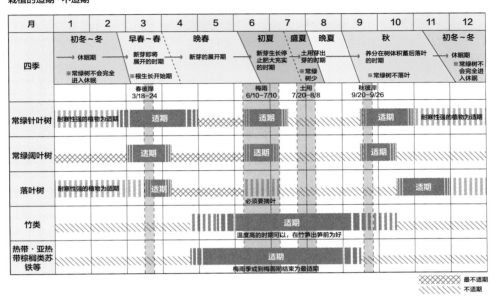

春彼岸：严寒已去，还没有开始发芽的时期，因栽植后马上开始发根、发芽，可以顺利生长。

秋彼岸：酷暑已过，因秋季锋面带来雨水，在寒冷到来之前根长伸长，以此顺利越冬。

梅雨：从出芽到嫩叶的期间结束，叶的生长结束，雨水还多的这个时会从修剪的切口2次萌发的伏天芽而使树体恢复，因此移植时的疏枝修剪不可欠缺。这一时期对常绿性的树木来说是栽植的适期。

土用芽：在自然界因春季的倒春寒、梅雨季的连阴雨等气候不好、雷击或强风导致枝叶受损，植物为弥补损伤会在三伏天萌发2次芽。这个时期的修剪，巧妙地利用了这种生理特性，靠从损伤的剪口萌芽的土用芽充分发育，不论树形还是树体都能以良好的状态迎接冬季。

常绿针叶树

常绿阔叶树

落叶树

竹类

棕榈类

用造园栽植来表现"风格"

造园栽植的目的之一，可以说是用植物来表现主题风景的"样"。特别是在主题性的游乐设施、商业大厦和业主的主观愿望强烈的庭园，应该应用形态上有特征的植物，尽可能展现贴近业主想象的"样"。

这里说的"样"，是某事物充分表现的样子，从生物能感受到的"样"，与很多人通过该生物感受到特定的风景是结合在一起的。就植物而言，因各地、气候、人的影响程度等不同，各自生息着的乡土种及群落，让人感受到当地的样。从白桦、日本落叶松感受到高原样貌，从椰子、香蕉感受到热带样貌，从常绿针叶树的冷杉、云杉感受到北国样貌，还有从喜湿的柳树、芦苇可以感受到水边的样貌。另外，即使有外来植物或栽培种，也能同样地从与生活在这片土地上的人相关历史的古老植物身上感受到样貌。由苹果会联想到北国的青森和信州，由柿树联想到山乡，由银杏联想到神社，由悬铃木联想到城市。

设计者要表现业主追求的"样"，首先设计师和业主必须要有共用的，事先作为目标的景观意向的手段的语言。日式、洋式、法式、英式、自然风、里山风等等，都是在表现作为目标的造园意向时经常使用词语。之后进一步将相关内容具体化的过程中，不断使用重复的语言，形成"……风"来。设计者从这些语言着手进行具体的提案，第一是确定成为主题风景的舞台的土地的气候与植被；第二是要知道该土地的历史；第三是要理解该地区居民的生活方式和价值观。依照这样的操作，导出该地区的土地特性与业主想象的风景相协调的"样"。但是即使遵循了这样的操作，也会由于土地、相关人群和目的的各不相同，导出的"样"不会是一个相同的事物，造园栽植的意义在于其全部是独特的空间。千万不要持有模仿的意识。

另一方面，从最初就不考虑"样"，通过自己的思考进行栽植的也很多。或者倒不如说这样的例子更多。这种情况下，如果这样的风格作为一种有特征的风景被众人认知的话，它就会成为一种新的"样"被认可。

高原样貌　　　　　　　　　　　**北国样貌**　　　**山乡样貌**

日本白桦（北海道）　日本落叶松（信州）　　蓝粉云杉（北海道）　柿树（鹿儿岛）　毛泡桐（岐阜）

热带样貌

露兜簕（冲绳）　　　　　　　　椰子（夏威夷）　　　丝葵与加那利海枣（三浦半岛）

水边样貌　　　　　　　　　　　　　　　　**神社样貌**

钻天杨（东京）　　垂柳（皇宫护城河边）　　银杏（东京，靖国神社）　柳杉（日光）

都市样貌　　　　　　　　　　　　　　**海岸样貌**

悬铃木（东京，丸之内）　　　　　黑松（京都，天桥立）

配植应向自然学习

　　植物因地形、土壤、水、气象等条件不同生长在不同地方。植物群落，是在同样的气候、土地条件下出现的固有的植物的集合。由此也可以说，某片土地固有的植物群落是最能表现这片土地的特征的。

　　栽植设计，参考自然风景的比较多。配植，就像文字表述一样，决定植物的种类、规格和位置，配置后进行栽植。由此，通过配植表现"样"，模仿和目标类似的自然风景是一条捷径。即要向自然界的植物构成学习配植的基本原则。

　　处在多雨的海洋性气候带的日本，正如其"森林之国"称号所形容的那样，垂直方向上，呈现乔木、亚乔木、灌木、草本、苔藓五层的层级构造。水平方向上，从树林向外围的开阔地跨移，是乔木群落、亚乔群落、草本群落连续构成。这些水平与垂直构成组合起来，就表现为该地域特有的植物景观。右上图是关东地区具有代表性的醉鱼木、橡树等构成，即所谓的杂木林的落叶阔叶树次生林向外围的开阔地延展的标准断面的模式图。由此学习的是树林内的植物的垂直构成和树林内部向开阔地延展的水平构成，而树林各个部位栖居的植物种类和它们间的关系，就成为造园栽植的参考。

　　由此，作为目标的造园栽植，与作为参考的植物景观如果有同样的立地条件，就可以使用构成参考群落的种类。而使用在气候、土壤不同的土地上"培育"的外来植物的时候，确认该种植物在生长环境植物群落和它的部位，在栽植中应用于同样的位置，无论是在植物生理上还是景观上都会很容易适应。

大乔木麻栎、枹栎中混杂着朴树、灯台树的关东地区的次生林的外缘，小米空木、荚蒾等灌木类镶边，鸡屎藤、乌蔹莓及王瓜等藤本植物沿这些灌木攀缘而上，横跨开放的小路，稍微高一些的狼尾草、狗尾草等草本类为优势种，进而在因人与车辆踩踏碾压的车辙附近的路面，向车前、萹蓄等抗修剪耐践踏的植物群落变化（群马）

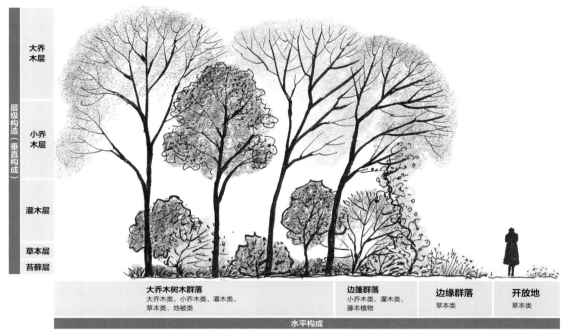

层级构造（垂直构成）	大乔木层	
	小乔木层	
	灌木层	
	草本层	
	苔藓层	

大乔木树木群落	边篷群落	边缘群落	开放地
大乔木类、小乔木类、灌木类、草本类、地被类	小乔木类、灌木类、藤本植物	草本类	草本类

水平构成

杂木林的层级构造与从树林到林缘的植物的剖面模式图

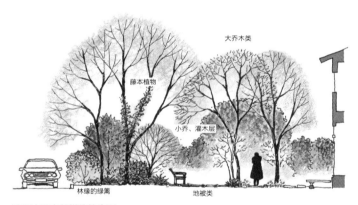

大乔木类

藤本植物

小乔、灌木层

地被类

林缘的绿篱

浓重表现自然样貌的庭园

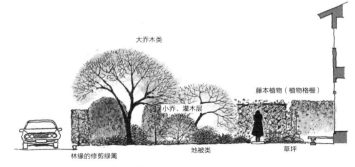

大乔木类

藤本植物（植物格栅）

小乔、灌木层

地被类

草坪

林缘的修剪绿篱

靠树形全体修剪而紧凑成形的庭园

生长在从乡村到山林的树林中的原生种中在庭园中常用的种类

常绿针叶树	赤松、罗汉柏、黑松、东北红豆杉、日本粗榧、罗汉松、日本榧树、矮紫杉、金松、日本花柏、日本柳杉、日本铁杉、竹柏、海滨桧、日本扁柏、真柏
常绿阔叶树	青冈栎、日本树参、大冬青、茶梅、珊瑚树、光蜡树、青栲、大果米槠、具柄冬青、红楠、日本女贞、小叶交让木、日本石柯、全缘冬青、野山茶、交趾木、东瀛珊瑚、马醉木、齿叶冬青、姥芽栎、栀子花、皋月杜鹃、红淡比、南天竹、柊树、台湾十大功劳、枸木、冬青卫矛、八角金盘
落叶阔叶树	榔榆、鸡爪槭、野茉莉、朴树、麻栎、榉树、枹栎、日本辛夷、鹅耳枥类、假山茶、合欢、单体蕊紫茎、松村氏鸡爪槭、日本金缕梅、棣棠、蜡瓣花、少花蜡瓣花、落霜红、珍珠绣线菊、西南卫矛、卫矛、灯台吊钟花、粉花绣线菊、山绣球、日本三叶杜鹃、粗赤绣球、胡枝子、齿叶溲疏、缘毛锯齿卫矛
藤本植物	白背爬藤榕、爬山虎、长节藤、日本南五味子、多花紫藤、七姐妹藤
地被植物	万年青、吉祥草、玉簪类、维氏熊竹、荚果蕨、麦冬、蝴蝶花、草珊瑚、大吴风草、木贼、阔叶沿阶草、一叶兰、顶花板凳果、金知风草、朱砂根、日本赤竹、紫金牛、阔叶山麦冬、虎耳草

空间让植物 "活" 起来

　　植物的周围空间具有两层含义。一个是为植物健全生长的光照、通风等所准备的生理性空间；另外一层含义是为了有意识地确保各个植物所特有的姿态不因周边植物的竞争而被埋没的美观性空间。绿化苗圃的风景与庭园栽植的不同之处在于，前者为保持苗木的健全性和均质性优先保证的生理空间，后者是重视外观的空间。

　　日本传统配植的技术要点是为了最大限度地发挥植物的魅力，有意识、有目的地保证观赏植物周边的空间。与树木的枝干和树梢的方向相合，留取众多空间，是日本人特有的审美意识的产物，这种手法在日本画和插花中也是共通的。在日本画中，简洁地绘制描绘的对象，在其上下左右留白的手法十分常见。另外，插花也是如此，对应装饰空间，最小限度地使用花材，在周围留取大片的空白，充分发挥素材所的魅力。

　　园艺师要受限于一棵树的倾角或朝向，是因为一种对于植物周边空间的处理方法，会把该树木所具有的景象完全变没了。从这个角度来讲，对于园林植物配置来说，以全方位的角度审视空间取位非常重要。可以说技巧的高低决定了造园的成败。因此，表达设计意图的设计师与实际栽植的施工者在现场的密切合作是不可欠缺的。

　　下图所示，是更有效地展示树木形态的空间塑造方式。

独立树形

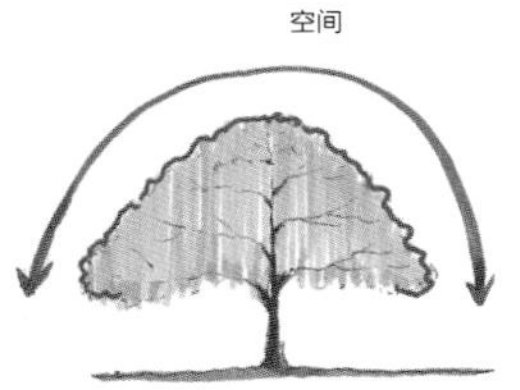

空间

全方向塑造空间

偏枝树形

空间

向树枝伸长的方向塑造空间

丛植树形

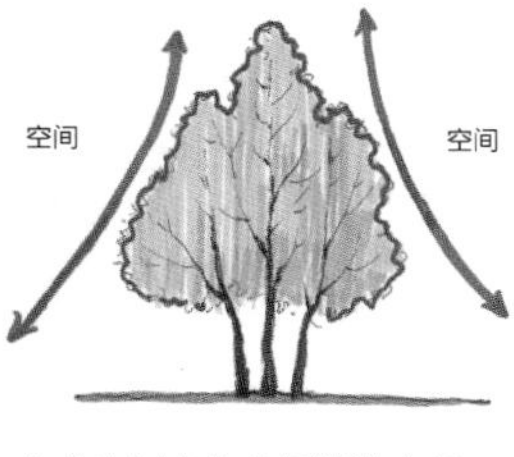

空间　　空间

向丛生树木的外侧塑造空间

下垂树形

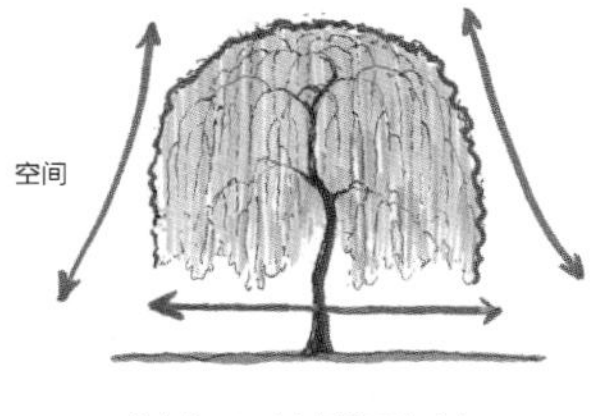

空间

向树下及外侧塑造空间

飘枝树形

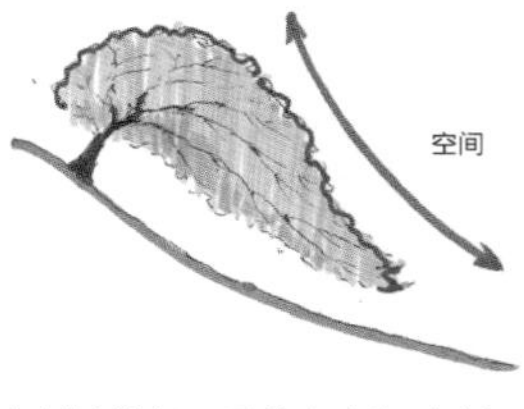

空间

向树枝伸长下垂的方向塑造空间

独立树形

偏枝树形

丛植树形

飘枝树形

下垂树形

为了把大树作为风景完美纳入进来，在成为背景的天空和在脚下延伸的草坪、地被、水面、铺装面，为使树木有特点的形态有效地显现的配置是十分重要的。顺便说一句，作为独立树展现日本樱花据称需要 250m² 。在这张照片中，榉树间保留了 20m 左右的间距

结点空间是景观设计的关键

大尺度风景中结点空间的关键在于在水域与陆域相接的河边、海边、山与平地相接的山麓、与道路相接的沿路区域、大规模设施的建设用地边界等等部分，各种各样的河畔林、海岸林、坡面林、行道树、外围防护林等植被，构成了让人们感觉舒适的同土地使用各不相同的空间的景观，起到了保护环境的作用。这其中，作为景观设计特别重要的部分，是自然生态体系中最关键的河边和海边的对应方式。从江河、大海的水中开始，经过浅滩、湿地、泥沼等水域与陆地连续相接的部分，对应着各种各样的水边的地形、地质的不同，只有在该区域才能生存的各种各样的植物和动物在生息繁衍着。设计师必须认识到，对于这纤细并且脆弱的部分，只是采用无秩序、无规划地改造成单调的混凝土驳岸或是护堤的做法，其后果是把自然的多样性损坏殆尽，对于这部分的处理，要十分细心地注意并关照在此生存的动植物种群。

此外，在自然与人共同作用下创造的里山环境中，稻田、茶田等抱有同样目的，在土地使用上整体化加以整治的农村风景是十分优美的，但在其中贸然插入土地使用不同的人工道路和住宅地，就变成了败兴的风景了。为了使其协调地融入风景中，用在不同土地使用的空间部分即接点空间中导入缓冲性的水面、绿化等自然物的方式，可形成两者和谐的风景。另外，在土地使用上呈现过度密集化、复杂化、细分化的城市区域，深思熟虑后细致地配置邻接道路的行道树、绿道、建筑外围栽植和邻接住宅的屋畔林、绿篱等，让杂乱的城市风景协调地进行连接，可以创造出让人心旷神怡的城市景观。

造园的规划与设计，多在原有设施或是空地变更为新的土地使用功能时进行。这种时候最需要深思熟虑的事，就是地块与地块外围的土地对接的连接空间的处理。通常，地块外围多与无法定量的人车众多的道路、其他设施或是住宅对接。为了使其能和新土地的不同使用功能完美结合，确保形成地块内外的共同利益点的缓冲空间是十分必要的。右图显示的是，从私立学校的宿舍原址向公寓用地和从企业运动场向公寓用地改变的实例，特别突出的是与外围道路的接点空间的处理中，整治前与整治后的照片对比。

志木 Garden hills 坡面林与道路空间一体化

　　埼玉县野火止台地的坡面上留存下来的自然度较高的武藏野的杂木林 0.2 公顷，由当地居民和建设方达成一致，以"与自然共生的居住地"这样的基本方针为基础，是个杂木林的保护与高层公寓的建设两全其美的项目。建设的要点是：

①坡面林不减少，不分割地予以保留；②保留的杂木林大部分都置于公寓防护栅栏的外部对外开放，其中的一部分作为公园予以保护，整治后移交给志木市管理；③开放的坡面林的管理由志木市、当地及公寓的居民合作进行。

在学校宿舍周围围绕的围栏内部留存下来的自然度较高的坡面林

以宿舍原址的公寓建设为契机，外围的大部分坡面林向道路空间开放

公园城市滨田山 去掉绿篱用榉树连接内外的空间

　　这是一个企业所拥有的广场向居住地转换的项目。建设的要点是使具有约 70 年历史的大树及名木，全面地在新的土地使用中焕发活力。特别是在广场外围围绕种植的榉树的大树群的处置虽

然成为难点，但通过为外侧狭窄的车行道在内侧提供步道空间，将列植的榉树作为分离步道与车道的行道树。

为了防止从广场发出的声音和沙尘，以浓密的绿篱环绕的外围绿化

去除与道路连接的外围部分的绿篱，把内侧作为步道空间开放，与周边的环境相协调

用借景的手法巧取远处风景

　　作为在有限的地块内建造的庭园的一个要素，将远方的山岭、河川、海洋、树林或是美观的建筑等用地外的风景组织到庭园中的手法叫作借景，它作为日本传统的庭园建造手法被世人所知。作为后水尾天皇的离宫建造的，现在成为禅院的圆通寺的庭园是枯山水的平庭，其因借景比叡山而闻名于世。还有位于京都盆地东北部包括以大文字烧知名的大文字山等丘陵山地，以及东山三十六峰，作为京都特质的代表性风景被世人所喜爱，在位于山麓的住房、神社、寺庙等，作为借这群山风景的而生的名胜不在少数。

　　借景的主要目标是带给庭园风景进深和宽度，创造更大的趣味，同时通过使观景之人在坐卧之间即可眺望地块外壮观的海洋、山岳、河川、市街等风景，来刺激观者对那片土地的自然与历史的无尽想象，令观景之人以印象深刻。

　　借景的手法不是限定于特别的庭园，对于借景的对象也没有特别的限制。在宾馆、别墅区的用地内借用可见的海洋、山地、树林的风景，通过住宅地的栽植有意识地营造出邻近用地的树木仿佛生长在用地内的效果，都是借景的目标。

　　生产性的种植、山岭、蜿蜒的边缘线，开放的里山、住房以及周边布置有秩序的街景等等，这些能让人感受到优美的原因，正是构成城镇、山乡的各种各样的事物，因借景关系相互衬托，形成了富有进深感和宽广视野的风景。

以比睿山为借景建造的庭园（京都）

有意识地引导视线演绎景深

即使是同样的道路，种植行道树的道路也比草坪中的道路让人感受到远得多的景深。巴黎香榭丽舍大街的欧洲七叶树的行道树、神宫外苑的美术馆前大街栽植的银杏行道树、通往凯旋门或圣德纪念美术馆的通景（vista[1]），都是有意识地强调景深。

在日本，则是特意地遮挡视线，给在深处的风景带来期待和预感来演绎景深的庭园手法。在门或通道的一侧种植具有低而长侧枝的松树或是枫树等，故意使通往玄关口的园路曲折蜿蜒遮挡视线，让种植向水池中突出，带来对水池对面的风景的期待感等，特意力图使深处的主题不显现而用心去感受，是日本式的庭园布置。

[1] Vista——西欧的造园手法之一，在一定方向上具有轴线的风景及相关构成手法。一般译为透景、通景、通透景等。

强调视线突出进深感

遮挡视线突出进深感

延伸向寺庙正门直线的石铺装路的两侧的青竹的栅栏凸显了进深感

有意识的曲折石板路，前方配置低矮的枫树，让人感受到通往入口的进深

正因有阴，阳方成立

通过县界长长的隧道，便是雪国。这是川端康成的小说《雪国》开头的一句。从黑暗的隧道到银装素裹的冰雪风光。从阴到阳，场面戏剧性地展开。还有谷崎润一郎的《阴翳礼赞》中，论述了日本人在感性上并不适应生活中的边边角角都明亮普照的西式住所，在要处布置的阴影对心理上的安定具有重大的作用。

在日本的传统的庭园建造中，也有通过巧妙利用光影效果，使全体风景附着明暗对比的张弛感的手法。在庭园的风景中扮演阴的是树木或是树林。正是由于在外围或是要处配置的树木或树林产生的阴影，使阳光照射到的花坛、草坪、水面、平台或甲板等的风景凸显出来。同样都是树木的阴影中，常绿树全年都投下浓密的阴影，而落叶树、行道树或是树丛，则在明晃晃的夏季广场或是园路上描绘着透过树叶间漏射着的日光的花纹图案。

城市公园容易形成单调的风景，原因之一是从安全的角度出发避免阴暗的角落，追求开放的土地使用，从而导致阴的部分的造成比较困难。可是从另一个角度来说，要实现城市公园作为生物多样性重要据点的作用，绝对不能忘记在重要位置配置具有树荫的自然性较高的森林式种植。从阳到阴多样的植物将这种平衡进行完美组合的公园，正是现今城市所追求的。

从被浓郁的福树屋畔林围绕着的村落的白色珊瑚砂小道望去钴蓝色的海，蓝色与强烈的漏过树叶的日光花纹给人以亚热带的印象

大幅树枝伸展的绿荫树的阴影，使南国的疗养地的蓝色大海和草坪中的游泳池更具魅力

在明快的秋季，阳光透过红叶枝干在青苔上落下的影子时时在变化，令人久看不厌

让城市更宜居的绿化

以效率优先为原则建造的城市大部分设施，如建筑、道路、停车场等，都由不透气的人工物所覆盖，一大半的雨水，从混凝土排水沟经过三面硬化处理的河川流入大海中。与水和空气失去联通的大地变得贫瘠，没有土壤微生物栖居的城市土壤，成为只是单纯地支撑地上构造物的固体物。

在由于土地的高密度利用而使居民能够舒适生活的绿化空间难以保证的城市，要从城市规划的角度出发，保证最低限度的公园和绿地。但是只有这些，远远达不到数量、质量都丰富的城市要求，为了对此的补充，是商业用地、住宅用地、工业用地等占城市绿化多半的私有土地的绿化。这些绿化，因建造的目的各异，由此展开的丰富植物景观一年四季令众人赏心悦目，为缺少风景的城市注入个性与活力，但是只有这些还不够。特别是占有城市地区多数用地的道路、建筑、铺装广场、停车场及围绕地块的围墙等，如果能花工夫，将绿化导入这些与绿化没有直接关系空间中，在自然性、景观性上都能形成更舒适的生活环境。

想将这样的想法具体化，需要城市建设中与建设主体相关的土木、建筑、造园等专业整合起来，协调进行。土木建设贯彻土壤中容易进入水和空气的透水性铺装；建筑建设在确保周边绿化空间以外，还有雨水的地下渗透的做法及屋顶、墙面的绿化；造园家则应该在所有情况下避免使用覆盖大地的不透水性铺装、松解板结的土壤，造成具有通气性、透水性的松软土壤，选择适应城市环境的植物种类，与土木、建筑协调运作。被设置在汽车尾气、辐射热、楼宇强气流等严酷的环境下的城市绿化，可以说是能让熟知植物的生理性、生态性的特性，并擅长将这些特性转化为美的技术的造园家的力量最大限度地发挥出来的舞台。

接下来，笔者将对这些对象即道路的行道树、屋顶及墙面绿化，绿篱、铺装广场及停车场绿化的处理手法的要点进行论述。

中高层建筑密密麻麻挤在城市中心，在那从古时留存至今的墓园（远）和学校（近）的绿化的团块，发挥着如同沙漠中的绿洲一样的重要作用，将这些通过建筑物的屋顶、建筑基础考虑入微地进行连接，有效地配置屋顶绿化、行道树、住宅绿化等，由此能够建造出对人对生物都宜居的城市空间

1）行道树　作为绿化的骨架纵横相连

　　行道树是林荫树的一种形态，特指沿着城市道路两侧种植的林荫树。行道树除了提供让人心情舒畅的美丽绿化、遮蔽夏日直射的日光、减少热岛效应、吸收二氧化碳以外，还发挥着为路线附着特征的路标、防止火灾蔓延、标识用地外围边界、作为各种各样事件的纪念树、生产果实、雨水涵养、动物通路等等多样性的功能。

　　但是行道树是强塞在由狭窄的、坚硬的栽植基础或地下埋设物限制下的地下空间，和由车辆或行人通行、电线、电杆、标识、标志牌、广告牌等限制下的地上空间中。因此，行道树能抗强度修剪、抗病虫害、抗汽车尾气及辐射热的树种。下页的右下图显示了作为暖温带的行道树大量种植的树种的大小，为了保证这些多样形态的树种的健全性和美观性，在下图所示的有限空间和恶劣的环境中能够都有保障，高超的专业技术和与此对应的经费是不可缺少的。

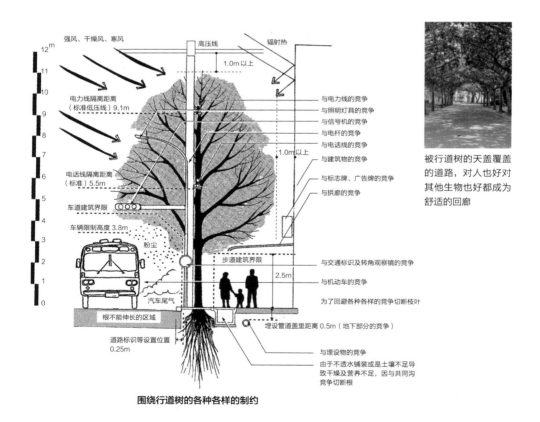

围绕行道树的各种各样的制约

被行道树的天盖覆盖的道路，对人也好对其他生物也好都成为舒适的回廊

连续使用苦楝与小叶榕等树种形成绿量丰富的行道树，与对面的广阔的公园的绿化相连，起到野生动物传播移动回廊（corridor）的作用，给予绿化稀少的城市美观和润泽，提供树荫，冷却路面（冲绳，名护市）

银杏　　　　　　　　　香樟　　　　　　　　　悬铃木

国槐　　　　日本七叶树　　　　榉树　　　　鹅掌楸

三角槭　　　垂柳　　　大冬青　　　日本樱花　　　大花四照花

2）屋顶　因建筑而失去的绿化在屋顶取回

　　因大厦建设而失去的城市绿化，也因屋顶绿化的习惯形成而令庞大的绿化复活。屋顶绿化，除了庭园、菜园等直接的利用以外，屋顶绿化滞留雨水抑制城市河流的泛滥，缓和因直射日光导致的建筑物蓄热和因寒冷导致的冷冻入侵的效果很好。另外因屋顶与地面隔离，是生物能够安心使用的圣域。阳台的绿化也具有同样的效果，如果能成阶梯状积累重复则更能使其效果成为综合的功效。

　　这种时候，在屋顶铺设平整的覆土越厚、越宽则栽植树种及栽植材料的规格选择的范围越大，创造出数量、质量都充实的绿化成为可能。覆土的厚度因面积变化有所差异，作为根据迄今为止的业绩等大抵的标准，原则上以不灌溉为前提，65cm以上乔木类，45cm左右灌木类，30cm左右草本及地被类，15cm草坪类可以生根，15cm以下则除了一部分多肉植物和苔藓类植物以外，其他植物做难以成活考量为好。

　　如考虑因寒冷和暑热的缓和而节约能源的情况，尽量全面覆盖屋顶的绿化是很有必要的。只是一部分覆盖则因从露出来的混凝土吸收的热量向建筑物全体传导的原因，建筑物降温的效果就会大幅度降低了。

人工地面的边缘连续绿化的竞技场的屋顶（横滨国际竞技场）

在建筑物侧面设置的阶梯状的绿化，与前面开阔的公园相连（福冈）

种有贴合主题的花灌木和草花、四季缤纷的屋顶私家花园（private garden）（东京，港区）

作为公园开放的停车场的屋顶（东京，西东京市）

3) 墙面　露出的墙用绿化的衣服覆盖

相对在建筑物顶部的平坦面创出的绿化，墙面绿化是把构造物或建筑物的墙面用垂直性的绿化覆盖。这样做的目的与屋顶绿化相同，使露出的混凝土墙面在夏季通过绿化覆盖，希望有建筑物降温冷却的效果，同时通过将无机物的墙面用随四季变化的绿化覆盖而提升景观效果。

墙面覆盖的方法根据栽植基质的位置，可分为：①从构造物的基础向上攀爬的"攀爬型"；②从上部向下垂吊的"下垂型"；③分为在墙面上安装的"墙面栽植型"，根据各种各样的形状而选择适合的植物。

设计的要点是不管哪种类型都要确保栽植基质稳固地支撑植物健全的生长。特别是大范围覆盖墙面的栽植，攀爬型在构造物的基础部、下垂型在建筑物上部的种植池要尽可能确保宽阔而深厚的土壤。另外，墙面栽植型需要在墙面上预先安装固定栽培基质的特殊装置。

用攀爬型覆盖墙面的适宜植物有日本爬山虎、薜荔等，直接吸附在墙面上向上攀爬的"吸附型"有野木瓜、多花紫藤、日本南五味子等，用枝干缠绕攀爬的"缠绕型"有藤本蔷薇、火棘、叶子花等，此外还有挂靠着其他植物向上攀爬的"挂靠型"等类型。其中，使用"缠绕型"和"挂靠型"的植物时，在墙面上要预先设置供藤蔓或藤蔓状茎干落脚的铁丝、线绳或是木条。另外，对于在墙面上安装具有自动灌溉装置的栽植基质中所选用的植物，应以草本类或小型低矮灌木为主。

栽植后，到栽植种成活为止的初期管理十分重要，在那之后，为缠绕型和挂靠型的绿化向墙面全体扩展而导引藤蔓是管理的关键。

从上一楼层的种植池下垂的常绿性植物（下垂型）

落叶性的蕨类植物在宽阔的混凝土墙面上着生表现出一年四季的绘画花纹（攀爬、吸附型）

在高 4m 的墙面上安装线绳，导引常绿阔叶树欧亚火棘的生长（攀爬、挂靠型）

在前面上安装附带自动灌溉装置的栽培基质，种植十几种小灌木和草本植物（墙面栽植型）

4）绿篱　接近地面用绿化的条带装饰

院墙、栅栏等围障，在广阔的土地上蜿蜒好几公里与道路相邻，遮挡或是通透视线，因而对这部分积极地实施绿化或是绿篱化，作为城市的绿化所感受到的数量有格外增多的感觉。特别是绿篱，因种的选择、组合及修剪方式形成多彩的风格与情趣，使煞风景的城镇景观变得丰富多彩。将围障本身做成绿篱是最好的，但如果用藤本植物缠绕栅栏，用日本爬山虎等在砌体墙上攀爬，还能感受到异样的风情。另外因绿篱的绿化沿开放的道路线性延续，生物可以依此作为传播移动的回廊（参考第 30-31 页）的效果也是很好的。

绿篱的种类，根据植物种、高度及管理的差异多种多样。耐修剪的种类单一使用的情况较多，也有几种到几十种组合混栽的修剪绿篱。另外绿篱的高度也是有从 30cm 左右的境栽篱到达到 10m 的高篱，进而根据修剪的方式，从人工的整形篱到弱剪维持自然风格的绿篱都有，总之没有同样的东西。

作为对象的种类来说，没有特别的限制，但是如果是需要一年几次修剪来维持规则形状的修剪绿篱，萌芽力强的种类是选择的前提。另外如果是混栽绿篱，用相对的生长量一致的种进行组合是要点。混栽绿篱如果弱剪来维持自然的风格的话，可以欣赏每种植物的姿态、花、果，也比较容易被昆虫、小鸟等作为采食场或是通道来使用。

要在狭窄的空间，提高遮挡功能，使用萌芽力强的品种，施行高频度的修剪成为前提，但是从四季的变化和生物多样性的角度出发，相比单一种混栽的绿篱和强修剪绿篱，以弱剪维持的绿篱效果更好。

石墙和超过 20 种混栽的修剪绿篱装点着街道的四季（京都）

齿叶木樨的修剪绿篱掩藏了其后面高乔树林的树干部分（东京）

密密实实覆盖砌体墙的薜荔（东京）

表现了每种树种的个性，具有自然的趣味（京都）

5）铺装广场　　自在演绎的容器花园

商业设施、写字楼围合的高密度的建筑物周边，铺装的大小的人工地面的空间大片延伸。在像这样铺装出来的人工地面，容器花园可充分发挥作用。根据广场使用功能的变化，容器的数量、配置及栽植的种类也在变化，由此随时可以将生硬的城市景观转变为或多姿多彩或安静祥和的空间。

栽植对象种，因容器越大选择的余地越大，甚至乔木类的栽植也成为可能，要与空间和建筑物相配组合成大小不同的容器，以形成多样的景观。这样做的要点是如下4点：①配置适合广场空间的数量的容器；②选择与铺装面、建筑物材料及色彩调和的容器；③根据容器的形状、大小及颜色选择栽植的材料；④协调在建筑物的墙面、管道等安装的悬挂花篮或是壁挂容器与地上的容器，使之浑然一体，赋予该空间立体感及进深感。

结合入口空间，盛装季节的色彩的多数的大型容器组合欢迎着众人（东京）

结合空间用1组特制的花钵和植物提高了广场的格调（茨城）

使用固定式的大型容器，结合高层建筑的周边广场和建筑物的尺度使红杉等大树的配置成为可能

6）停车场　　让铺装面透口气

这也是城市的宿命，沥青覆盖的大面积的道路、停车场的地下部分干燥、沙漠化的土壤中没有生物的身影。将铺装本身附加透水性，或是制造水与空气流通的空隙，将这样的土壤哪怕是向具有生命的土壤恢复一点也好。在停车场，必然有与车的动线不重合的地方。通过在这些地方建造绿地，可使土地润泽，缓和辐射热，不论景观还是生态方面都有很大的改善。例如减少1辆停车的数量种植伞形的大树，会使很大的铺装面被大树的阴影覆盖。另外，住宅用地狭小的停车空间，也可以只是将车辙的部分铺装，剩余部分作为庭园的一部分有效地利用起来。

在不影响汽车动线的空间配置的耐寒性较强的小叶榕，给人以沙漠中的绿洲的感觉（冲绳，丝满市）

通过在不足停车场十分之一的空间里，散点式种植具有宽大的伞状树形的榄仁树，可以形成凉爽、优美的空间（冲绳，名护市）

用地区的乡土树种在城市建造森林

　　从空中眺望东京的绿化，首先映入眼帘的是在市街地的正中郁郁葱葱繁茂的皇宫的绿化和明治神宫的森林。应该特别指出的是，每处森林都是经人工营造的。皇宫的森林，在大正时代以江户时代的庭园为基础建造的日式庭园，之后，按照昭和天皇的尽量保持自然的状态的想法得以保存，形成了栽植树木与自然入驻的树木浑然一体、繁茂生长的现在的森林。另一方面，明治神宫的森林，也是在本多静六博士的指导下，从1915年开始花费了5年时间营造的人工森林，是由全国各地供奉的树木，据称有适应日本气候的树木279种，约计10万株。另外，如果我们向西移动视线，现在已经成为森林浴与野生动植物宝库的兵库县的六甲山，明治初期还是秃山，是由神户市主导的以治水为目的的作为用阔叶树种的绿化事业营造的森林。现今，地球温暖化和生物多样性的破坏作为关乎人类生存的问题被世人关注，而先人们向我们示范的从小树开始培育的森林营造，作为防止地球温暖化的手段是极其有效的。树木的干燥重量的一半由碳元素组成，根据相关的计算，一棵栽植时干重为500g的苗木长成干重1t的大树时，1棵树里就吸收了0.5t的CO_2。100棵苗木生长为森林的话，吸收、固定的CO_2就有50t。

　　可是对城市区域的森林，如从环境、生物多样性、景观等方面考虑，使用的树种和组合只能从有限的几种中选定。说起它的条件，森林的构成种要长期适应该地区的风土，能与其他的树种完好地共存，成为模式的有：野山茶区系是米槠、红楠、栎类为代表的常绿阔叶树林，日本山毛榉区系是由酋栎、日本山毛榉、色木槭为代表的落叶阔叶树林的自然林或是演替过程上的麻栎、包栎、酋栎等的次生林。

　　依此方法营造的城市森林产生的具体效果，体现在人工建筑集中的有限空间中保证了很大的绿量，还缓和了城市的热岛效应。另外，城市林成为野生动物生息和网络

皇宫的森林。在糙叶树、榉树、大果米槠、樟树等参天巨树繁茂生长的森林中已确认的植物种类达1470种

的据点，也保护了城市固有的生物多样性。更进一步，如果乡土植物或是从古时即在该土地上生长的土著种形成的大小不等的森林增加的话，可以形成具有该城市特质的景观。

但是在空间上有限的城市，营造出新的森林是很难的。最现实的方法，是像开篇记述的森林营造一样，把散开的现存的荒废的绿化改造成森林的构造。以国土保护为目的在规划上重新审视在全国范围内配置的城市公园及公共绿地等中的一部分甚至全部，诱导形成以引种植物、乡土种类为基础的多种类多层群落结构的森林是一个捷径。

实例　八景岛海洋公园　覆盖黑松的人工岛

八景岛海洋公园是神奈川县三浦半岛的风景胜地，是在金泽八景的汇集地上，作为海上道路建设的立足点建造的，面积约 24 公顷的堆土形成的人工岛，同时也是八景岛的亮点设施工程。在此的造园主题是，濒临对岸的风景名胜地，与其风景上融为一体，同时作为海滨娱乐地，具有魅力，和丰富的绿化覆盖的岛屿。

对于栽植的整治，全岛总体的基础绿化工程由牵头的神奈川县实施，依水族馆、交通、餐馆、宾馆等形成的复合型主题公园的周边的栽植由民间实行，属于官民共建的事业，它的具体的设计要点有以下 3 点：①有县政府主导的基础的绿化，由三浦半岛的绿化的象征的黑松为上层，在树下红楠、野山茶、日本卫矛、海桐等常绿阔叶树混在，形成暖地的岛风格的绿化构成，在此基础上为提高作为娱乐地的岛屿的魅力，增加了以海边为适地的春季的伊豆樱、梅雨季节的八仙花类、夏季的木槿等四季的主题。②构成基础绿化的栽植材料，选用常见的、皮实的、经济实惠的，成活率高的容器栽培的苗木。③民间承接的绿化在温暖的海边自生的乡土常绿树木基础上增加，特别是在设施周边增加具有耐潮性的异国情调的外来植物，强调了热带的娱乐地景观。

与人工的沙滩和黑松林连续的海滨公园相对的八景岛，中央部分的山丘全体以黑松为主的树林覆盖，八仙花开花的季节宽阔的园路上也会变得人满为患

黑松的幼林地的林床播种的 2 年生草本多花黑麦草，夏季时枯萎后原样覆盖地表，成为林地覆盖物（对岸是金泽八景，1991 年夏）

栽植初始的风景（1991 年夏）

黑松和伊豆樱树林林缘种植的绣球（2011 年 6 月）

从眺望塔向外眺望。对面可以看到"海的公园"（2011 年 6 月）

冲绳县综合运动公园，建造于本岛中部泡濑町的临海的一部分填海与甘蔗田等组成的约70公顷的土地。公园原是每年都道府县轮流召开的日本国民体育大会的会场，后经部分整治作为县的运动公园进行后续规划而得来的。因此本用地，具有担负大会召开时来访者感受南国冲绳的绿色

会场的建设，和在那之后冲绳乡土植物森林所围绕的综合运动公园的2阶段的目标的特征。这样的结果，规划和设计如右图所示，国民体育的会场整治栽植规划，和大会结束后实施的伴随树林改良的木麻黄的砍伐的再次整治规划的两部规划持续地进行了实施。

在放风网的背后部分在木麻黄的株间混栽自生种刚栽植后的景观（1984年）

通过保留部分外来木麻黄的伐除，树下的自生种旺盛生长，向作为目标的乡土森林的风景前进了一步（1992年）

在树下，营造下一代的森林的多种类的实生苗在持续生长（2011年）

用苗木栽植的小叶榕、福树、红厚壳、杜英、山榕、重阳木、棱果榕、黄槿、琉球夹竹桃等等繁茂生长正在形成森林（2011年）

国民体育会场整备阶段（第一阶段的整备）

苗木栽植时
1984 年 10 月

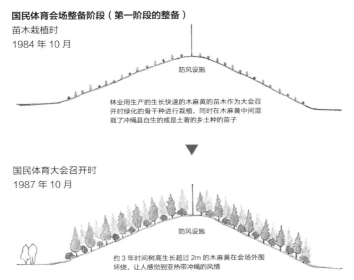

防风设施

林业用生产的生长快速的木麻黄的苗木作为大会召
开时绿化的骨干种进行栽植，同时在木麻黄中间混
栽了冲绳县自生的或是土著的乡土种的苗子

▼

国民体育大会召开时
1987 年 10 月

防风设施

约 3 年时间树高生长超过 2m 的木麻黄在会场外围
环绕，让人感觉到亚热带冲绳的风情

冲绳县综合运动公园整备阶段（第 2 阶段的整备）

砍伐木麻黄
1990 年
初左右

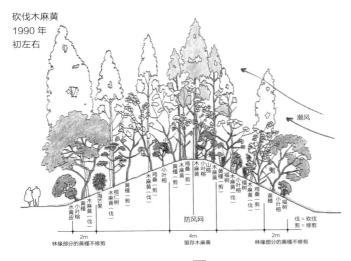

潮风

伐＝砍伐
剪＝修剪

防风网

2m
林缘部分的黄槿不修剪

4m
留存木麻黄

2m
林缘部分的黄槿不修剪

▼

自生种成林以后
2000 年以后的意向图

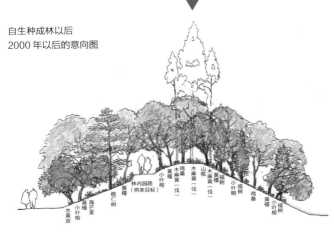

第 1 阶段的设计，在①到召开的期限为 3 年
②面临过高的地下水和强劲的海潮风的临海
填海地③数量、质量都无法保证的县内栽植
材料的生产状况这样的条件下，为顺利与第
二阶段的整备相连接，以下的 5 点基本方针
进行。①大会召开时会场绿化的主景选择热
带特有的树种和树形，符合临海填埋地条件
的，林业用苗能够有保证的澳大利亚原产的
木麻黄，尽早进行苗木栽植因此可预见到召
开时 2m 以上的生长 ②构成第 2 阶段的综
合运动公园的乡土森林的冲绳县自生的在栽
植材料，因生产量分厂少，苗木规划性的委
托生产 ③生产以冲绳县绿化种苗协同组合
为窗口，以县内绿化树生产者的总体性的协
作体制进行 ④栽植施工由冲绳县造园建设
业协会所属的企业执行全县性的协作体制
⑤自生种的苗木在快速生长的木麻黄林的
树下栽植，木麻黄在大会结束后有规划地
进行砍伐，逐渐的用自生种形成的乡土的
森林替代。

国民体育大会召开时的木麻黄林（1987 年）

在木麻黄的树
下生长的福树
（1987 年）

第 2 阶段冲绳县综合运动公园整备阶段，是
养育大树，砍伐压迫树下自生种的木麻黄，
树下的自生种显现化的规划，在 1990 年 2
月按左图所示提案实施。现在，按左下图所
示完成了当初的目标即乡土的森林环绕的综
合运动公园，处在持续管理中。

在凉爽的树荫下玩耍的孩子们（2011 年）

给予生命力的绿化

　　看到生机勃勃绿色的风景，仅此就能令人感到心情安适。这或许也可以算是植物是支持人类生命的不可欠缺的存在的佐证吧。从环境学的角度出发，说起人们不感到乏味的家或地域，是①没有高围墙的家；②有丰盛的三餐的家；③住宅与室外的联系多彩的家；④以五感能感受到的家；⑤有人与人交流的家；⑥有美丽或熟识的风景的地域；⑦具有丰富的季节感或是四季味道的地域。从这些可以说，对于具有营造出舒适的生活空间作用的景观来说，植物发挥着重要的作用是必然的。

　　为了景观的具体实现，将人们最喜欢的风景，用适宜该地区的植物表现出生机勃勃的景象是前提。特别是对于活动范围狭窄、气力容易衰弱的老人或病人来说，身旁的绿色植物会给予其生命活力以很大影响。单调的空间或风景，容易让人心情烦闷，感到乏味。在可以和土地亲密接触的农村或是渔村的老年人比较健康，是因为在已经居住习惯的故乡的风景中与人们日常性的交流成为一种刺激，令生命的精力涌现吧。

　　随着高龄社会的来临，选择老人看护机构和医院成为最终住所的人逐渐增多。在这样的机构中，时刻变化刺激人的感官的绿化的存在，对于入住者或患者的精神卫生具有极其重要的意义。因此，在这样的机构中，除了身体护理外，给予每天生活以变化，令其心情轻松愉悦，恢复健康，对于此类实施的空间营造是不可欠缺的。但是在看护机构或是医院等中，一味注重建筑物内部装修及购置医疗器械的购置，从房间向外眺望或是从绿地感受到的精神抚慰效果几乎没有人在意。受理此类空间营造的是造园家，特别是在病人或老人居住的住宅、医院以及老人看护设施等地，需要留意以上的要点进行设计。

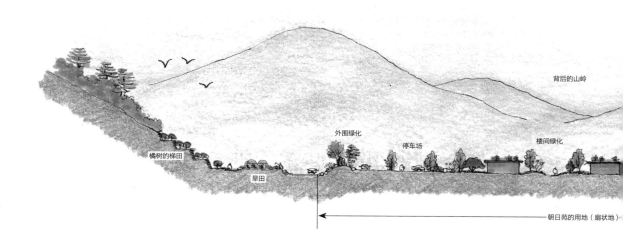

动植物被称作风土的产物，人也不例外。建在爱媛县宇和岛的朝日苑的景观以"最终的住处是故乡的风景"为主题，以通过四季更替迁移变化的风景而得到的感动或是回忆，防止乏味，增加住户对生命的喜悦，继续健康生活为目标的。

因此，这里绿化的构成包括：①为使建筑融入故乡的绿色之中，以外围稀疏的树林带形成通透的连接，透入周围的山岭和农田的风景，一眼望去使之与用地内栽植的故乡的果树及花花草草成为一体；②构成绿化骨架的树种，在周围树林的自然植被或是次生林的构成种中选择，赤松选用具有松树线虫抗性的个体；③在临近地区多进行观赏用的栽植，配以温暖的海滨地花灌木、草花及地被植物，增加具有宇和岛特色的色彩；④

用地的围墙以该地梯田的石积为创意，使用本地产的石材做成的布团笼和蛇笼，配以能做家庭常用药的芦荟；⑤在平房的屋顶贴上野草，期待由野鸟和风从周围的树林中带来种子的自然散布，作为骨架种植赤松苗，播撒姥芽栎的种子；⑥接受地域的人们和相关者捐献的树木。

对居住者来说，看着宜人的景色，听着鸟鸣和松风的声音，触摸着收获的果实，闻着果实的香味，品尝着美味等，各种感官受到刺激度过快乐的余生。为达到这样的效果，让朝日苑的全体工作人员都知道绿化的目的和效果是很重要的。在设施开始使用开始前以及使用后举行若干次的以传达景观的意图为目的的现场说明会。

从橘树的梯田，越过在扇状地建设的设施眺望宇和海

屋顶绿化　外围绿化　海角的植被　水渠　邻接的民房　宇和海的三浦湾

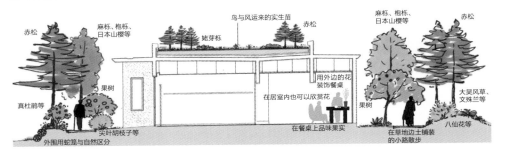

用山地的各种树营造的外围树林

赤松

麻栎、枹栎、日本山樱等

果树

真杜鹃等

尖叶胡枝子等

外围用蛇笼与自然区分

用故乡的绿化覆盖屋顶

鸟与风运来的实生苗

姥芽栎

赤松

用外边的花装饰餐桌

在居室内也可以欣赏花

在餐桌上品味果实

用山地的各种树营造的外围树林

麻栎、枹栎、日本山樱等

赤松

果树

大吴风草、文殊兰等

八仙花等

在草地边土铺装的小路散步

鸟搬远来的种子萌发产生的实生苗有野漆树、灯台树、紫珠等达到十几种

薄土层栽培的赤松

建造绿化的骨架

赤松
（耐虫性）

麻栎

木包栎

日本山樱

大果米槠

真杜鹃

增添故乡的果树类

梅

枇杷

柿树

杏

油橄榄

用花灌木和草花增加季节的色彩

尖叶胡枝子

Cassia coluteoides

Chrysanthemum japonense （野路菊）

大吴风草

文殊兰

芦荟

对掌握庭园与入住者联系关键的职员，定期性的研修来传达景观的要点

宣告春天来到的烧野草的作业作为 2 月的风物诗对入住者来说也是值得欣喜的事

入住者和职员采收梅的果实，大家一起腌制果子露、杏做成的果酱、柿子做成柿饼走上餐桌

中庭茂盛的矮竹中野兔母子到访，小野兔流连了一阵子

在借景外围的绿化背后的山岭和农田的风景中坐着轮椅游憩

有意识地做内外一体化的风景

　　在窗边摆放的南方的一品红和洋兰，由于它们的对比，从而引发了对屋外景色的季节感。另外，在屋外开放着的花火果实在室内装饰的话，该植物与外面的植物景观相连，从房间向外看到的风景中增添了进深感与风味。

　　在四周是玻璃围绕的观赏温室中，通过将展示的植物置于温室的中央，营造了玻璃外开放的风景与内部的绿植融合一体的造园空间。

长木花园的展示巧妙地将风景因借到室内（美国）

不同的室内花钵根据季节变化给庭园风景增加了风味（千叶，山本邸）

实例　兰花之乡堂岛　与自然一体化的兰花温室

　　"兰花之乡堂岛"，是从 1968 年开始，以洋兰的生产为主业的"农业组合法人堂岛洋兰中心"，在西伊豆的风景名胜地，海拔 500m 向下可俯瞰堂岛的丘陵地区，以 5 个主要种植洋兰观赏温室为核心整理出来的一片园地。其特色就是，将温室内的洋兰等展示植物与玻璃外的四季更替变化的风景融为整体观赏的规划。游园者可以从起伏变化的园路眺望温室内的兰花展示，也可以从温室内透过玻璃以山岭为背景充分领略兰花的魅力。

温室嵌入面对西伊豆海岸的风景名胜地、堂岛的山间，周围的风景有意地因借设施的全景

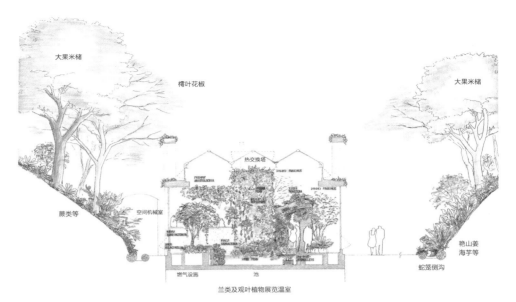

大果米槠

樗叶花椒

大果米槠

热交换塔

蕨类等

空间机械室

艳山姜
海芋等

燃气设施

池

蛇笼侧沟

兰类及观叶植物展览温室

与嵌入山谷的温室相接的由既存树林的坡面底部，与温室内的展示植物同样，仍旧装饰了类似的植物给内外的景观带来一个整体的感觉

从温室内向外看风景。风景成为背景，透过玻璃的光线带来身临其境的展示效果

从温室外部可以看到内部兰花展示的样子

从外面通过竹林观看温室的展示。内外的植物整体性的密切关系，让人感觉不到玻璃的存在

为使温室内的兰花、热带植物与温室外的风景协调，温室周边栽植了南方产的蕨类、艳山姜等

打造生活节奏的居住地的庭院

"Niwa"是表达行事的场所，与汉字的庭或场相当，这里所说的庭，是以观赏为主要目的建造的私人庭园（private garden）。现在，日本的大名庭园、英国的领主们建造的庭园很多已经对外开放，很多人到这些庭园游览，但这些庭园本来全部是私人庭园。

私人庭园的价值不是他人决定的东西。布置着高价的景石和名贵树木的庭园也好，只有一丛杂木的庭园也罢，与建造的费用没有关系，全部是由居住者的满足感作为评价标准。私人的庭园不论在东西方，不拘泥于类型和市场的评价，想到的爱好、创意可以尽情地装载进来，可以说是强烈表达居住人的喜好的空间。

实例 ## 山本邸的庭园 *一天一天，向动植物汲取感动和精力*

以我自家的庭园为例，它的乐趣在于：①自己做规划，找材料，与施工者合作建造、改造，进行管理；②认识各种各样植物的生长及四季的变化；③逐步地追加新的植物，认识它的特性；④实际感受到管理的成败；⑤与到访庭园的小鸟、昆虫等小动物的接触，等等，庭园的风景一天一天，一年一年的变化，给予各种感悟和知识。

这个庭园建造的要点是：①将令自己感动的自然风景或场景用植物再现；②植物不单独使用而是将其组合成为群落中的一员；③配置植物有意识地照顾到访的鸟与昆虫；④为有效地表现四季的变化和魅力组合植物；⑤用容器、挂盆或床边的插花等补充四季的色彩等。这样做的结果，外界的人们都觉得这是有山本个人色彩的庭园。

❶ 山桐子　　　　　　❺ 欧亚火棘　　　　　❾ 鸡爪槭　　　　　　⓭ 野鸦椿
❷ 藤本蔷薇（舞子）　❻ 杏　　　　　　　　❿ 美洲唐棣　　　　　⓮ 混栽绿篱
❸ 栾树　　　　　　　❼ 欧洲云杉　　　　　⓫ 黑松　　　　　　　⓯ 日本三叶杜鹃
❹ 金缨子　　　　　　❽ 蜡树　　　　　　　⓬ 红花七叶树　　　　⓰ 水池

从西南侧眺望山本邸的春夏秋冬

春

4月，美洲唐棣与日本三叶杜鹃早早绽放花朵，宣告春天到来

夏

梅雨季开始到夏季期间，庭园全体被绿化覆盖，红花七叶树的红色十分醒目

秋

11月，从秋到初冬期间蜡树、灯台吊钟花等的红叶与野鸦椿的红果成为主景

冬

2月，除常绿的黑松外其他的大乔木全部落叶让冬季的日光透过树枝满满地照射进来

从2层透过新发芽的鸡爪槭向下看到嵌草的杂石铺装平台

沿山桐子的树干攀爬的藤本蔷薇"舞子"

树下耐荫的斑点大吴风草、朱砂根和虎耳草

大乔木的护根种植构成有东方铁筷子（Helleborus orientails，毛茛科、铁筷子属）。德国铃兰、花韭、紫罗兰等

在0.8平方米的水池中每年的3月都有五六只蟾蜍产卵

在黑松的树枝上给雏鸟喂食的栗耳短脚鹎

啄食山桐子果实的栗耳短脚鹎

与植物景观融合的构造物和堆砌物

1）石墙创造出的风土景观

　　石墙，是为了固定容易崩塌的坡面或很陡的土堆边缘，为了更好地利用斜面而修整出平坦面而砌筑的。在地势险峻、国土狭窄的日本，从古时修筑城墙到住宅地、农田、道路用地等等地方，可以看到用该地区固有的石材和技术建造的多样的石墙。

　　石墙，不是单纯地把石块堆砌起来的石堆，而是在石头的内侧填入拳头大小的卵石实施了排水措施的构造。为了学会这样的技术，人类从定居生活的时代尝试，不断地从失败中汲取经验，从而形成了该地区独特的形态。由该地区的石材与堆砌技巧表现着这种形态的石墙，不论规模大小如何都给参观者留下深刻印象。但是在现代，特别是在耐震性优先的城市使用混凝土或是预制混凝土制品而成的挡墙取代了石墙，使地区固有的石墙，已十分罕见，只有城墙或少数留存的水稻梯田的石墙因成为文化遗产或是观光的对象而留存下来。

　　造园，是让这些堆石技艺重新焕发活力极端适合的行业。这是因为石墙是地形塑造或用地围墙不可欠缺的，作为表现该地区土地身份大构造物，从古至今都与造园领域有广阔又深厚的密切关系；另外造园家们，现在也常将石墙作为营造象征性景物的景观要素，会建议在各种各样的场地中进行建设。

将既存的岩石组合堆砌的切割接缝的象龟甲一样的堆积方式的石墙（冲绳）

在冲绳海洋博公园的乡土村里，将奄美大岛的珊瑚礁石搬运过来堆成的石墙

以滋贺县的穴太为基地的石工集团"穴太众"将自然石、切割石组合进行钉楔接缝砌筑的坚固的穴太积石墙（京都）

沿向上的方向坡度变陡的"武者返（意易守难攻）"石墙，是以穴太积和出隅的算木积堆砌而成（熊本城）

河滩的卵石贴面（新潟，丝鱼川）

橘树田以毛石而成的乱积的石墙（爱媛）

石材切割整形后在堆砌切割接缝的大名宅邸的石墙（京都）

用不加工的自然石堆砌而成的粗犷的梯状的石墙（伊豆）

利用岩石山崩塌产生的毛石，半岛全部覆盖了一样做成梯田的乱积的石墙（爱媛，游子）

2）生态土木的精髓"蛇笼"和"布团笼"

　　蛇笼与布团笼，是与地形多险峻、降水量大且集中暴雨多的日本气候相适宜，为防止河流护岸或坡面的土砂侵蚀和流失，经研究、改良而成的日本传统的土木材料。作为造园材料，两者共有的优点是：①因本体是铁丝，轻便容易搬运；②因是现成品，无论何处都能找到；③因具有柔软性的构造，容易适用于自然地形和景观；④装入的石块不限种类，混凝土块也可以代用；⑤具有透水性，背面不积水；⑥有适于植物、动物生存的空隙，可以成为野生生物的生息据点等等。

　　蛇笼，过去使用竹条或是杂木材编织成细长的圆柱形的笼子，在内部填入卵石或毛石，后来笼体材料改为铁丝。因利用细长的形状能够制成柔软的曲线，将既有的树木不砍伐，直接围起来，曲折的自然水畔、林缘的尽头、暗渠、排水沟等以及具有凹凸的自然地形都适用。

　　布团笼是从蛇笼派生的扁平的安定的矩形的笼体，具有像被褥叠起一样可以向高处堆砌的特征。通过向高处重叠堆砌，可以使有落差的坡面压成阶梯状建成安定的基础。另外，如果在笼体的内侧装入透水性的苫布，可以在内部填充土壤制成嵌板布团笼，在陡坡面也能制造稳定的栽植基础，因此在笼体上部或侧面栽植苗木或是播种，甚至也可以营造出乔木类的树林。

切削由岩基形成的山脊部分，在表面用嵌板布团笼向上堆垒，从周边采取姥芽栎的苗木栽植或种子播种，从上部开始，吸附保存留置的表土。左前方是几十层的布团笼堆垒的坡面和蛇笼的缘石（1994 年）

布团笼被姥芽栎及表土内的埋土种子和由鸟、风搬运而来的种子萌发的苗木所覆盖，现在已经没有人注意到布团笼的存在了。蛇笼的缘石也被当地的日本卫矛的扦插苗所覆盖

抑制山麓的水土流失，承受从大面积的山体坡面流下的大量的地表径流的蛇笼的侧沟（西伊豆，兰花之乡堂岛）

3）在都市中活用辙道

　　田埂路等经常看到的辙道，是在农耕用车或是拖车等两条车辙延伸具有牧歌氛围的长草的道路，因割草或踩踏，被压制得很低的车前、竹柏等沿车辙生长着。其间依季节不同有草蜢等昆虫和各种各样的动物出没。

　　原样的辙道在城市地区再现是不现实的，但只是车辙的部分用混凝土或是石材铺装，不踩踏的部分种植低矮的草坪、麦冬或是矮竹等，可以与景观相协调。只在辙道的车辙部分使用铺装，不仅有利雨水渗透，而且辙道与周边绿化更加协调，且利于野生动物的生息和移动，辙道可以既用作车道也用作步道，特别是众多游客到访的自然风景名胜区、自然公园、有大片用地的城市公园以及居住区等发挥着良好效果。

车辙印记清晰的辙道（千叶）　　　　　在公园的树林中穿过，兼做管理用道路的园路（东京，神代植物公园）

在岩山的山脊，管理车辆也能通行的游步道蜿蜒通过（西伊豆，兰花之乡堂岛）

4）摆放一件物品改变空间

　　座凳是公园的附属品，但它并不只具有坐一坐的功能，通过对座凳本身的历史意义、绘画上的效果有意识地安排摆放，可以给风景增加趣味和深度。在使用座凳历史悠久的英国的公园或庭园中，座凳的设计、材料、摆放位置经过推敲，因此对外国人来说座凳作为英国风的风景令人印象深刻。

　　吊盆和花钵，它们自身就是一种观赏物，通过有目的地在周围的空间、相关联的屋檐垂吊，或是在平台上摆放，具有让庭园的情趣深远的作用。此外，将能够读懂某个家庭的历史和生活感的古老的火盆、石臼或古瓦等在庭园的一角摆放设置，也可为风景增添了无限的深意。

　　在古老的庭园或是茶室等经常看到的关守石，通过将其摆放在汀步石上或在跟前放置，是具有"内部空间禁止入内，请留步"的意思的日本庭园的独特小品。

限制进入的关守石（京都）

从放置在无人到访的寂静树荫中的座椅，可以追思建造庭园之人的感觉（英国）

古老的鬼瓦凝练了汀步石和下层草本的风景（千叶，山本邸）

第 5 章

栽植材料

绘画工具的数量越多越好

　　造园栽植，就像用叫作植物的绘画颜料在叫作大地的画布上描绘意向的风景。要描绘美丽的画卷，绘画颜料的种类越多越好，但想熟练使用这些颜料是需要相应的技术的。在小学的低年级，用 12 色的蜡笔就可满足需求，随着经验的积累，就会需要 24 色或是 24 色以上。

　　造园栽植也是同理。只是准备数量众多的栽植材料这些工作，规划、设计的范围和深度就也有增加，但同时掌握使用这些素材的能力也是必要的。植物同绘画颜料不同的是，每一种植物都有不同的颜色，不同的质感，且会随着季节和时间变化而变化。就像不熟知食材不会成为好的厨师一样，想在造园栽植中熟练掌握栽植材料的使用，首先必须要对每一种的植物的性质，随年月变化而变化的形状、发芽、开花、红叶、落叶等等的植物季节的特征事先掌握。

72 色的彩色铅笔

造园栽植的目标植物

　　如果说庭园是根据人们各种各样的爱好建造的，那么，任何植物都可以在庭园中应用。包含苔藓、蕨类植物在内靠光合作用生长的绿色植物，据说在世界上有 20 多万种，可以说这些全部是造园栽植的素材。把这些限定在日本自生的植物来看，适用于造园栽植的，根、茎、叶等高度分化的高等植物也有约 6000 种，算上苔藓植物这样构造简单的低等植物，则达到 8800 种。对造园栽植来说，把这些人工选育而成被大量使用的改良种品种都加上的话少说也超过了 1 万种。顺便提一下，单单是被称为世界少有的园艺王国英国的英国皇家园艺协会（The Royal Horticultural Society）编写的《The Royal Horticultural Society A-Z Encyclopedia of Garden Plants》一书中提及的庭园植物就超过了 15000 种。

　　另外，关于造园植物中有特别重要作用的树木，上原敬二在其三卷本的《树木大图说》中，收录了包括外国产的 164 科，约 1600 属，约 1 万种的种与品种，对其在造园上的使用等也进行了详细的说明。

上部：《The Royal Horticultural Society A-Z Encyclopedia of Garden Plants》
　　　（Christopher Brickell，Dorling Kindersley，1996）
下部：上原敬二《树木大图说（三卷）》（有明书房，1959）

日本人的感性和植物之美

栽培植物学家、民族学家中尾佐助认为，人类对特定植物的美感，来源于人类对赖以生存的植物的本能的美学意识，和在那片土地上长久生活而来文化性的审美意识。稻穗充实、果实成熟就会摆脱饥荒这样的联想是本能性的审美意识，品味闲寂优雅的茶花之美，热爱着小鸟的鸣叫和鸣虫的声音的感性，是四季分明的风土所培养的日本人特有的文化性的审美意识。

现在因与海外的日常交流和信息交换，在人们的价值观多样化的进程中，对庭园建设的喜好也变得多种多样，但作为季风气候带下的农耕民族，具有悠久历史日本人，与气候带、生活方式不同的外国人之间，感性、审美意识都有本质上的差异，对植物的喜好也变得不同。

俳句中咏唱的"古池与青蛙跳入水中的声音"这样的情景或是水墨画的风景，对欧美人来说似乎很难理解。另外，对于中国或不丹人来说，觉得石楠花连家畜都不吃，更没有喜爱石楠花的习惯。在日本也有模仿大量使用色彩艳丽的草花的英式庭园，但不知不觉地就会迎合日本人的喜好，变成了以形态纤细、色调沉稳的植物为主体的庭园。这属于本质性的喜好区别吧。同样的，原种和改良种哪一种更美丽也是讨论永远的命题。一般来说，因为通过育种、杂交改良为观赏用的改良种的花朵大，花色艳丽，作为个体来看认为改良种好的人更多。

这些在造园栽植中去适用的话，外观华丽的改良种不论是单独使用还是组合使用都是引人注目的，而形态纤细的原种，若花朵绽放的场所的背景、湿度、温度、日照以及与其他植物的组合、繁育情况等条件不具备就很难展现它的美感。因此，也可以说，作为对象的植物越柔弱，就越要借用造园家的力量。

全世界爱好者众多的石楠花在原产地不丹也是麻烦的东西（伊豆修善寺）

在日本的山野中自生的野蔷薇花色淡、雅香气怡人，具有红色果实，也是很多藤本蔷薇改良种的原种

以日本的野蔷薇或光叶蔷薇等作为原种的藤本蔷薇改良种品种多样，欣赏其华丽的爱好者众多

有时也被称为无赖户的乌蔹莓，攀爬在栏杆上展示姿态，会让人觉得该把名字改改

十全十美的植物并不存在

　　就像每个人都有优点缺点一样，在各个方面都没缺点的植物是不存在的。松树和枫树被称为日本庭院树的代表，一是因为它们都移植容易，用修剪来修整树形也容易；二是松树全年都保持着明快的绿色，而红枫则具有在冬态、新绿、深绿及红叶的各个时期都有很高观赏价值的优点。

　　落叶阔叶树的花朵、新芽、果实或红叶等美丽的种类众多，但一般来说这样的植物最佳观赏期短暂，在别的时期内就不太引人注目。而常绿树多数不具有特别引人注目的花、果，但却很适合全年观赏其优美树形和苍翠的叶子。其他的植物，如美丽的玫瑰有刺，樱花、山茶花花朵美丽但容易招虫，日本榧树、刺叶桂花属的叶形叶色很有趣但叶尖扎手、种植麻烦，蜡树红叶美丽但容易引起过敏，各个种类都是优缺点并存。但是，这些是其他的植物所不具有的个性同时也是魅力所在。把这些植物，适当地进行组合配置，扬长避短，总体性地提高它们的魅力就需要造园栽植的技术。

由于全年具有观赏点，移植修剪容易，松树和枫树作为代表日本的庭园树独占鳌头（京都，银阁寺庭园）

金樱子淡雅的花朵具有芳香，自古受人喜爱，但其枝条上有钩状粗刺操作艰难

蜡树树形端庄，新叶和红叶都很美丽，但因为对其过敏的人多而没有作为苗木生产

随时代变迁而变化的造园植物的价值

在《造园用语辞典第三版》（东京农业大学造园科学科编，彰国社，2011）中概括的造园树木，是以绿化，美化成为造园对象的空间为目的所使用的树木，不论其乡土植物、外来植物以及改良种的区别。另外作为造园植物必须具备的条件是：外观上，在或树形或花或叶或果实上要具有观赏价值；在环境的适应性上，要耐病虫害、树势旺盛等；在施工管理上，要移植和修剪容易，等等。从植物的形态和性质方面来说，具有个性美，管理简单易行的植物，就具有一般意义上造园植物的价值了。

日本庭园之所以能够在世界上获得"文化景观"这样的高度评价，是因为拥有广大庭院的将军、诸侯、上级武士以及包括神社寺庙、商人等的一部分富裕阶层，能够将其愿望与能具体实现的造园师思想碰撞的结果。房主通过造园师从周边的山野自生的树木中选出作为庭园树修整了姿态的松树、日本山樱、枫树、米槠、栎树、厚皮香、全缘冬青等在庭园中布置，与在庭园集会的人们一起，欣赏着树木的优美姿态和庭园的风景，互相炫耀，得意扬扬。另一方面，成为那个时代的日本文化、艺术的范本由中国传来的梅花、牡丹、菊花等原产外国的品种也流行起来，作为庭园树或是盆栽被欣赏。

在那之后，日本人对植物的喜好不再限于一部分富裕阶层，在没有用地也没有钱的下级武士和很多的江户平民中扩展开来，他们竞相从山野中收集珍稀的植物，在欣赏中寻找乐趣。说起植物的欣赏，富人和平民的共通的乐趣，是由于平民通过植物获得了更多的商业机会，不论乡土植物、外来植物还是改良种，平民都会用尽一切手段拼命收集，增加品种。这样反复的行为与很多的植物收集和改良更紧密地联系起来，成为江户的园艺在世界闻名的原动力。

从山野中挑选稀有的形态或花朵来欣赏的习惯，正因为是在自身周围具有多姿多彩的自然的日本才可以，这是从江户时代开始持续的传统习惯。对珍稀个体、外来植物和新培育出来的改良种的热衷和喜好，400年后的现在也没有本质上的变化，对于这些新颖的植物，现在也有很多的植物爱好者乐在其中。

另外，在1972年以后的"日本列岛改造论"的时代，为了应对大规模、短期的绿化，对强健、生长旺盛的栽植材料的需求剧增，主管公共工程的国土交通省（原建设省）把符合以上条件的树种作为公共用绿化树种定义下来，导致对城市环境抗性较强的少数树种在市场上大量流通。这样的后果，是地区的多数固有植物群落与植物景观都被单一的树种所替代，可以说国土的绿化质量在总体上有了单一化的倾向。这样的倾向在世界范围内也是相似的，与之形成鲜明对比的是，要对地区和自己国家原有乡土植物更加珍惜这样的考量正逐渐成为社会的主流。

如上所述，造园中使用的植物对象是随时代变迁而变化的，对应着不同时代的要求，流行树种在改变着街道风景的同时，也带来了环境问题，不能顺应该时代的种类就被舍弃了。在造园的世界里，从今往后也会为了描绘人们所追求的美景，进一步寻找具有新的个性和美的栽植材料的行为持续下去。

公共用绿化树种是国土交通省（原建设省）主要作为公园绿地、道路以及其他公共设施等的公共绿化使用的树种，在《公共绿化用树木等品质尺寸规格标准（案）》中揭示的树种，在财团法人建设物价调查会发行的《建设物价》和财团法人经济调查会发行的《预算资料》中有刊载。

夹竹桃原产印度，古时传入日本。生长力旺盛，因对公害及海潮风抗性强，在高速经济发展期爆发式的增加，现在则是各种各样的品种少量收集观赏的使用方式成为主流

"红罗宾"石楠，因强健不易招虫且全株覆盖火红的叶子，以追求色彩的城市住宅区的绿篱为中心迅速增加

花以美洲四照花之名开始传播的时候，只有原种的白色花品种，在那之后，引入了桃红色、红色的品种，广受喜爱

近年来喜欢欣赏花和果实的人增多，作为庭园树也比较容易打理的夏蜜橘、罗汉橙、金橘等柑橘类的植物开始聚集人气

蔷薇的人气保持不变，木香蔷薇（前面为黄色，后面为白色）在常绿的基础上又十分皮实，作为没有刺的蔷薇以住宅区为中心被大范围种植

对有生命的植物材料规格的思考

植物是生命体，每一株都有不同的形状、尺寸和品质。将这样的栽植材料进行严密的规格化本就是十分困难的，强行将其设定为像日本工业规格（JIS 规格）一样的规格，是为了使与造园相关的业主、设计者、生产者、施工者等能够对作为对象的栽植材料的形态有共同的掌握。

（1）形状规格

关于栽植材料的形状的规格，多用于可以明确表述形状差异的木本类。单干、双干、多干、丛生、球状、武士立形、单向飘枝等形式定性地规定了树木形状的不同。另外，还有向四方枝干伸展、下枝低、有冠幅、自然树形等树形也在使用。

（2）尺寸规格

在关于栽植材料的各部位的尺寸的规格中，木本类用高度、冠幅、干周长、根茎周长等尺寸的数值表示。而草本类，会因季节不同尺寸会有很大变化的情况存在，较多地用 3 芽、5 芽等形式的规定芽数，或是 6cm 盆等以栽培容器的尺寸来表示。

（3）品质规格

关于栽植材料的品质规格中，用没有病虫害、已适应栽植地的环境等规定植物个体的健康性或性质，或是用毛细根发达、节间紧密、叶密生等作为栽植材料的品质用定性的语言所表现。另外，要避免与其他地区的种发生杂交的时候，也有指定在本地区繁育的个体，或者是由该个体繁殖而得的后代，来指定继承遗传基因水平上的品质的栽植材料的情况。

栽植材料的规格是由以上 3 种规格组合决定的，但仅仅是因为植物本身规格化十分困难，就很容易在现场起纠纷。其中尺寸规格是由数值来表达容易理解，而以语言来表达外观的形状规格或是只凭外观难以确认的品质规格，会因主观认识的不同容易引起理解误差。对于容易弄错的规格，把与栽植目的吻合的条件作为特别要求进行附加注释可以在某种程度上解决问题。

另外，在决定栽植材料的规格的时候，首先要重视与植物的特性和健康状况相关的品质规格，其次是与植物的姿态相关的形状规格。由于栽植材料的大小决定了单价，尺寸规格是不能欠缺的，但是对总是在生长、变化中的植物尺寸像工业制品一样过于严密规定，会使更为重要的品质与形状变成次要的地位了。尺寸规格充其量是为了不让尺寸有较大出入的标准罢了。

自然的多样性是从
地区的实生繁殖个体开始的

今天全世界都在探索着对自然环境的保护和再生的方式方法。造园家的工作也扩展到自然地的保护和建设领域中，从自然的多样性保护角度出发，栽植材料的使用也要求用该地区的乡土植物的情况较多。

苗木生产者在确保地区乡土植物的时候，采取从山上直接挖取山苗，或是选择成为母树的个体的分株、插穗、接穗、压条、种子等繁殖方法。但是，即使是同一个种，从1株母树上取得的分株、插穗、接穗、压条，所有植株都变得具有同样遗传基因，从生态系统或是遗传基因多样性的角度来说并不是最好的。剩下的是挖采山苗或是种子繁殖，而挖取山苗不但会为了挖采一棵树对周边的自然造成破坏，而挖采下来的个体的成活率也很低。因此挖采山苗应该限于必须要砍伐的情况的救助方法。从这一点上，种子繁殖的实生苗即便是同一个体而来遗传基因也有差异，从多样性保护的角度来说是最希望采用的。更进一步说，采收种子的母树也是越多越好。

成为樱花代名词的日本樱花是淡墨樱（江户彼岸）与伊豆樱的杂交种。现在在全日本各地广泛分布的日本樱花，全部是来自于在江户的染井村发现并命名的个体接穗繁殖而来具有同样遗传基因的克隆树。在同一环境中会在同一时期开放同样的花朵，进行群植就会出现如烟似霞的风景。而与此不同，樱花名胜吉野山的樱花是日本山樱。大部分是本地区自生的日本山樱种子繁育的实生个体，具有不同的遗传基因。被誉为一望千树大约3万株的日本山樱，花与叶的形状、色彩等全部不一样。身披不一样颜色花与叶的日本山樱，有微妙的时间差装点山岚五彩斑斓，风景也是最佳之作。从植物景观的魅力这一点出发，单一遗传基因的日本樱花与千差万别的日本山樱的风景无谓优劣，但从园艺文化的恩惠这一点出发则是日本樱花为优，而从自然地多样性这一点来说则非日本山樱群落更胜一筹吧。

实生苗构成的吉野山的日本樱花所有个体的染色体都不同，树形、花色、叶色也没有同样的，因此作为植被的多样性得以保护，因风景的景深及花色的浓淡形成的韵味无限，久看不厌（奈良）

迎来重视生物多样性的时代，重视植被的多样性保护及创造的项目中，有计划地生产乡土植物的实生苗的事例也变得越来越多（千叶的苗木苗圃）

正确表示植物的种的名称及操作方法

　　种（species）是生物分类上的基本单位，是根据形态、生态习性及遗传因子的组成等特征相互间被认定为同类的个体的集合，并以此与其他的种进行区分。种名，是用归纳亲缘的种的属名和种间名组合成世界共同赋予的学名（botanical name）来表述的。在这个意义上，对指定植物的种来说用学名标记是理想的，但由于用拉丁语的属名和种间名的组合很难熟练使用，一般的都在使用日语名、英语名等，或各个国家自己容易明白的名称。

　　在日本，也是主要在使用到目前为止习惯使用的日语名，但使用日语名也不是全部统一，在造园、园艺、林业、插花等应用植物的各个专业称呼着同一植物不同名字的不在少数。另外，多数新培育及新引进的外来植物及新改良种由于日语名没有统一，用片假名直接记述英语名或是学名，或是起一个恰当的名字用于贩卖的例子也不少。右图是表述了关于日本植物分类学上的植物名和各个专业在使用的称呼的关系，一看便知即使是同一种植物也有各种各样的名字。

　　这就导致在造园栽植的现场，同名异种，异名同种，省略了品种名以及日语名和俗名混淆等等，关于种的特定产生了各种各样的问题。特别是，重瓣和单瓣、不同品种花色和叶色的区别、斑纹的特征、直立型与匍匐型等等，包含变异众多的改良种组群的情况下，每个品种的特征变得暧昧的情形很明显。

　　但是，就像要绘制优美的图画选择正确的颜料是不可欠缺的一样，造园栽植使用品种的选择必须要严密。因此鼓励用世界通用的学名来标记，但实际上使用造园植物的使用者、设计者、生产者、施工者之间在使用日语名，以后这样的趋势大概也不会变化吧。要规避这样的问题，建议养成对在市场上的谬误众多的种，在日文名上附记学名或是特定种特征的习惯。

左侧的照片中的樱花用下述各种各样的名称来标记。
- 种总称名 樱花
- 特征总称名 重瓣樱花
- 品种总称名 里樱
- 学名 Prunus lannesiana cv.Kanzan
- 正名（标准日文名）**サトザクラ（カンザン）**
- 别名 **サトザクラ（セキヤマ）**
- 汉字名 里樱（关山）

关于学名，对于它的分类法也有不同的见解，其中也有没有统一的个例。关于樱花也是，认为与桃、李、杏、日本稠李、大叶稠李等同属全部归于 Prunus 属的想法和与这些归于不同属的想法都有，归于不同属的情况下，学名是 Cerasus serrulata 'Kanzan'

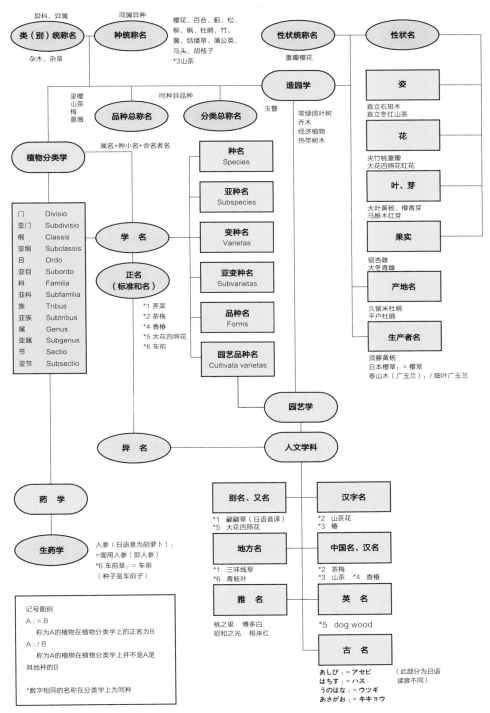

关于植物的名称的图示

出处: 参考铃木雅和《造园植物称呼讨论委员会报告》造园杂志（54卷1号，pp.93-98，日本造园学会，1990）制作

在造园栽植中易混淆的种和个体的举例

重瓣和单瓣

　　总被搞错的典型代表，是棣棠和栀子花。这两种都是日本山野中自生的，都开着素雅的单瓣花。在市场上流通着的大部分是棣棠的重瓣种——重瓣棣棠，棣棠的生产量相当少。另外，在暖地自生，果实用于生产食用色素的栀子花的产量也相当有限，市场流通的是选育出来被称作栀子的重瓣栀子花，该种作为栀子花交货的情况比较多。

原种的棣棠是单瓣的，在沿着河川的湿润地带自生，作为苗木的生产量较少

市场流通着的大部分是重瓣棣棠，认为这就是棣棠的人很多

栀子花在暖地的山区自生，果实被用于生产黄色的食用色素，作为苗木的市场价值较低

市场价值高，被称为大花栀子的重瓣栀子花作为栀子花在市面流通的较多

花色

　　以花色为中心选育出来的品种众多的组群,花色的指定是很重要的。特别是三色堇、长春花、非洲凤仙花等草花类，久留米杜鹃锦绣杜鹃等杜鹃花类，木槿、西洋石楠花、马醉木等观花的种，记载了品种名，但不指定花色的话会有各种各样花色的品种蜂拥而至。

马醉木生于山地，3-5月盛开百花，多用作庭园树

花色从桃红到深红色的红花马醉木混同于马醉木入库的情况较多

红色、白色、桃红色、橙色等等色彩多样的品种齐全的非洲凤仙花，通过花色的组合随心所欲的花田设计成为可能

斑叶植物

斑叶植物，是江户时代平民美学的产物，主要是用于盆栽观赏，在欧洲流行是在江户时代的中期以后。彩叶植物如今也是人气颇高，珊瑚树、大叶黄杨等木本类以及小型的矮竹类，大吴风草、万年青、玉簪、箱根草、芒草、虎杖等新旧混杂的品种令我们赏心悦目。这些斑叶植物中的大部分，是从日本山野中突然变异出现的有黄斑或白斑的个体繁殖而得的种类，它们后来还向海外传播，实现量产后现在有众多的品种上市贩卖。但是色斑的颜色及纹样各种各样，其中色斑没有固定名称或没有取名的种类也很多，因此并非有意识栽培的斑叶品种混杂其中的情况也很多。这其中特别容易混淆的，是以风致草的名字在市场上流通的金知风草、玉簪类、东瀛珊瑚等。使用这些斑叶品种的时候，对于没有明确的品种名的种类，最好是明确指定其色斑的颜色和排布方式。

代表日本的耐荫的东瀛珊瑚，叶的形状多变容易形成多种多样的色斑分布，观叶价值较高的种类命名了品种名在市场上流通

箱根草是在山地、溪谷的崖壁等处成丛生长的日本特有种，因其清秀的姿态也被称为风致草，可以作为庭园的下层草本使用，但没有什么市场

自古以来的栽培品种，叶上具有黄斑的金箱根草作为风致草在市场上流通

直立型与匍匐型

有些树种既有直立型品种又有匍匐型品种，它们的使用状态有很大的不同。因此在造园中，相对于横向扩张性的厚叶石斑木和寒椿，把直立型的厚叶石斑木称为直立厚叶石斑木，寒椿的直立性品种"勘次郎"称为直立寒椿而区别使用。另外多用做香草的迷迭香与北方的欧洲山松都是超过3m的直立型大灌木，但同样种也有匍匐型或矮生型的品种流通，因此必须要明确指明直立型或匍匐型。

迷迭香（直立型）

迷迭香（匍匐型）

在背后栽植直立型的迷迭香，在前缘用匍匐型的迷迭香下垂配饰

雌株与雄株

多数的树木是雌雄同株，在一株树上开出雌花和雄花；而落霜红、大冬青、东瀛珊瑚等则有雌树和雄树之分，称为雌雄异株。对于以观果为主要目的的种类来说，雄株在造园上的价值较低，因此苗木生产者从结果良好、果实大的雌株上，取得原样继承母株个体性状的插条或接穗来繁殖雌株进行栽培。雌雄异株果实美丽的种，有具柄冬青、大叶冬青、大柄冬青、山桐子等。而瑞香、金桂没有特别观赏果实的需求，因此只从国外引入了雄株，在日本几乎看不到雌株。

实际上，在造园的现场，雄株与雌株的处置上成为问题的，是诸如以观果为目的的现场运来了雄株，或是相反，自然地的再生等以雄株、雌株混合存在为原则的现场只运来了雌株这样的例子。还有使用银杏的时候，种子可食用但会发出恶臭，因此一般只使用雄株。为了避免问题出现，要明确标记雄株与雌株的使用方式。

用接穗繁殖只使用雌株的大冬青的街道树

从结果良好的雌株取得插条繁殖的东瀛珊瑚

像悬吊着南天竹果实一样在超过 10m 高的树冠上结满红红的果实的山桐子的雌株

瑞香的雌株十分珍贵，但因花与雄株的花几乎无差别所以没有传布

类似名称

相似名称导致弄错的情况很多，有把日本桤木弄成了毛山桤木（辽东桤木），把日本冷杉弄成了里白冷杉的事。日本桤木是日本低洼湿地的代表种，作为晾干稻谷的"稻架木"种在水田的田埂上，也作为有"绿色的宝石"美誉的日本翠灰蝶的食料树为人所熟知。而毛山桤木正如其名生于山野，也作为崩塌地短期绿化树种培育。如果弄错树种，在田园的风景中茂盛生长着山林中生长的毛山桤木，就会出现很不自然的风景。

另外，说到日本特有的日本冷杉和里白冷杉，两者虽都是观赏圆锥形的树形，但生长地有很大的差异。日本冷杉是同属中在最温暖的地区的原生种，在靠近人居的低山地带也有分布，而里白冷杉则生长在本州中部 1000 ～ 2000m 山岳区域，因此在低海拔地区很难健康生长。但是在寒冷地区的林业种植及绿化以及作为圣诞树的生产，大部分都是里白冷杉，日本冷杉几乎不做此类用途。如特殊需要指定日本冷杉的情况下则应有日本冷杉，不可使用里白冷杉的标注。

在低湿地生长的日本栲木　在山野中生长的毛山栲木　在秋田以西从山地到低地生　日本各地的山岳地区生长的
　　　　　　　　　　　　　　　　　　　　　　　　长的日本冷杉　　　　　　里白冷杉

类似形态

　　把类似形态的种类弄来的事例也不在少数。其中有代表性的，是对于指定在山地中原生的茶梅，结果却拿来了栽培种直立冬红山茶的例子。两者虽为同属的近缘种，但花形及花期不同，外观也有很大的差异。原生在日本的温暖地区，从 10 月中下旬开始开出白色单瓣花的茶梅，作为日本秋田的风物诗受人喜爱；而冬红山茶的栽培种直立冬红山茶，如其名称在 12 月至 2 月的冬季开花，开出的是艳丽的红色重瓣花。在造园栽植上两者的使用完全不同，但因在市场上茶梅的产量极端稀少，在使用茶梅的时候，应写上"茶梅（原生种，白色单瓣），不得使用直立冬红山茶"的标注。

茶梅的原生种是从琉球群岛　因茶梅的生产十分稀少，直　横向扩张性很强的冬红山茶种在前缘，直立型的直立冬
到九州、四国这一区域为中　立冬作为茶梅采购的情况　红山茶种在后方组合而成的灌丛
心分布的，10-12 月期间　极多
开放清秀的白色单瓣花

以形态分类的造园植物

植物的形态是因种类不同所固有的，植物与周边的环境相互影响形成所谓的适应形状，被称为生育形。例如赤松，因其表现出来的是赤松固有的生育形，所以虽然每株的树形都不一样，但从外观上能够识别出其为赤松。

根据植物形态的分类，是丹麦的学者劳恩凯尔（Christen C. Raunkiær）首创，他以根据休眠芽的位置以生活型对植物进行分类（注）被世人所知。但是用劳恩凯尔的分类作为造园用的分类过于粗糙了。至少乔木类可以分为大乔木、中型乔木和小乔木，灌木类也可以分为大灌木、中型灌木和小灌木，这样各自分为 3 类则使用上很简单。以形态观赏为主要目的的造园植物也以劳恩凯尔的生活型分类为基础，按以下类别进行了分类。同时记录了在欧美平常使用的英文，没有英文的特殊树为日本独特的分类。

造园植物的分类

1) 木本类（Woody plants）

   ① 乔木（trees）与灌木（shrubs）

   ② 常绿树（evergreen trees）与落叶树（deciduous trees）

   ③ 针叶树（conifers）与阔叶树（broadleaf trees）

2) 草本类（herbaceous plants）

   ① 宿根草本（perennials）与球根植物（bulbs）

   ② 一年生草本（annuals）与二年生草本（biennials）

3) 根据别的特征的分类

   ① 竹类（bamboosa）

   ② 矮竹类（bamboo grasses）

   ③ 藤本植物（climbers）

   ④ 蕨类植物（ferns）

   ⑤ 苔藓植物（mosses）

   ⑥ 多肉植物（succulents）

   ⑦ 仙人掌（cacti）

   ⑧ 特殊树

   ⑨ 水生、湿生植物（aquatic plants）

   ⑩ 禾本科植物（grass）

注：劳恩凯尔生活型——丹麦的植物学家劳恩凯尔（1860—1938）把植物的生活型依据休眠芽与地面的高度或是位置进行分类而得，通常如上图所示分为 10 种类型。

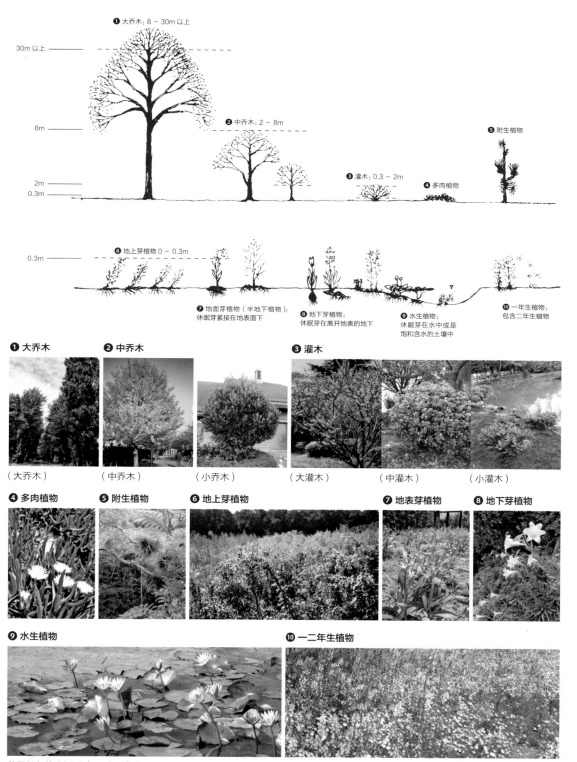

❶ 大乔木：8～30m以上

30m以上

8m

2m
0.3m

❷ 中乔木：2～8m

❸ 灌木：0.3～2m

❹ 多肉植物

❺ 附生植物

0.3m

❻ 地上芽植物 0～0.3m

❼ 地面芽植物（半地下植物）：
休眠芽紧接在地表面下

❽ 地下芽植物：
休眠芽在离开地表的地下

❾ 水生植物：
休眠芽在水中或是
饱和含水的土壤中

❿ 一年生植物：
包含二年生植物

❶ 大乔木

❷ 中乔木

❸ 灌木

（大乔木）

（中乔木）

（小乔木）

（大灌木）

（中灌木）

（小灌木）

❹ 多肉植物

❺ 附生植物

❻ 地上芽植物

❼ 地表芽植物

❽ 地下芽植物

❾ 水生植物

❿ 一二年生植物

劳恩凯尔的生活型（10类型）中，大乔木、中乔木中加上小乔木，灌木分为大灌木、中灌木、小灌木的造园用的植物分类（各编号与上图劳恩凯尔的生活型各编号相对应）

作为造园植物的外观特征和应用要点

木本类和草本类

  造园的栽植材料,大体上分为木本类与草本类。由具有多年生的木质部的木本类(乔木与灌木)以及没有木质部的草本类组成的风景如果拿人体来比喻的话,形成骨骼的是乔木,赋予血肉的是灌木,然后给表面化妆的是草本类,这样想就比较容易明白。

以吉野樱的大树为景观的骨架用水仙装点着树下的风景
(东京·新宿御苑)

在享誉世界的低畦花园的植物展示中,起关键作用的是在背景与花坛重要地点配置的乔木(加拿大·布查德公园)

1)木本类(Woody plants)

①乔木(trees)与灌木(shrubs)

  木本类,具有木质的干和枝,每一年都产生木质部,经年累月木质部变大,树龄不同会表现出树木独特的个性来。一般根据树木的高度和枝干的生长方式将木本分成乔木和灌木。在造园中,能够留存木质部的木本类承担立体性的景观构成工作。利用

常绿及落叶性的乔木与下部的灌木常绿无鳞杜鹃,取得了良好的平衡效果(美国·长木花园)

充实早春的枹栎乔木林,为其增添色彩的灌木日本三叶杜鹃

它的特性最重要的一点，是充分发挥各个种的自然树形所具有的从树干到枝端延展的树枝排布的魅力。

乔木

一般情况下，说起树木，即是指高大的树木，在造园中也称为乔木。树干从根部开始直立，长出的树枝从下枝开始顺次衰退。在造园栽植中使用的时候，树高超过30米的榉树、鹅掌楸、悬铃木、银杏、意大利杨等大乔木，珊瑚树、银杏、桂花等小乔木，以及在两者中间大小的中乔木，有意识地分开使用，在造园的市场也有大乔木与中乔木作为高乔木，小乔木作为中间过渡使用的。

使用要点　**构成风景的骨架**

乔木，高大茂盛，不单支配广域的立体的风景，对个体来说，具有悠长寿命的也很多，与岁月一起表现出特有的个性，它的外形与风貌，具有各种各样的表现力。另外，既有松林、红叶山、唐松林、白桦林等树干相连仅以树群就成为观光的对象，也有一株柳杉、樟树、银杏等大树也会作为地标表现出存在感来。另外乔木的树群、大树绿量大，对日照、风向、风速等有很大的影响，具有改变周边微气候的能力，因此会对伴同乔木的灌木、草本的种类及配置产生很大的影响。因此，如能巧妙地配置乔木，就算说造园栽植基本成功了也不过分。

上原敬二把树木所具有的表现力，分为宏伟、艳丽、典雅、潇洒4种。宏伟就像字面意思一样，即相当大而庄严大气，艳丽是华美、豪华，典雅是优美、高贵的气质强烈，潇洒说的是具有野趣、寂寞、淡漠的情趣。这个感受方式每个人都不尽相同，一般来说高大的常绿树感觉宏伟、典雅，艳丽、潇洒与乔木中的落叶树吻合的比较多。这样，在重视外观印象的造园栽植中，对具有这些表现力的乔木的选择是关键点。

常绿阔叶树樟树的大树恰好适合表现景色的宏伟　　　　　　夕阳晕染下的日本樱花让人感觉无比的艳丽

灌木

灌木，树高低，干与枝没有明显区分，在地上或是地中分枝的树木，造园上也称之为灌木。根据树高，超过 3m 的日本金缕梅土佐水木等为大低木或大灌木，小型的姬栀子花、假叶树、阿多福南天竹等小低木或小灌木分开使用，在市场上两者都作为灌木使用，也有把大灌木作为中型树使用的。另外，原来是乔木性的齿叶冬青、姥芽栎、罗汉柏等，在造园上作为绿篱或固土用的灌木使用的很多，因此也有很多情况将之纳入灌木范畴。

使用要点 **一年四季丰富着地表面的表情**

造园专业中，相对于支配广阔范围景观的乔木，灌木对该景观做出补充，创造出地表面的起伏与阴影，以此来丰富四季的表情。这时对于种的选定和配植，要考虑到与乔木的景观性的联系的同时，也要充分意识到因乔木产生的树荫、雨滴以及风的影响。

灌木与乔木一样，充分发挥出各个种所具有的从树干到枝端的枝展与树冠的魅力是十分重要的。特别是为展示干型、枝展的优美，在植株周围要确保足够的空间，避免对成为魅力关键的枝端进行修整和短截，从分枝部分进行疏枝维持自然树形。

另一方面，利用从近地面多发枝条的性质整形修剪的球形、边界绿篱、群植整形树丛，可以观赏树冠的趣味性的植丛密植、树球等立体性的，造型性的展示，也是利用灌木类的特征的使用方式。

杜鹃（后）与马醉木（前）以各自不同的特长在乔木下生长

树木通过限制生长的剪枝，产生特定树形，随时间的流逝，成了主景树

通过单一植物整形创造有存在感的景观

1 棵满天星圆圆润润，成为庭园的主景

②常绿树（evergreen trees）与落叶树（deciduous trees）

　　木本类中，有常绿型的树木和落叶型的树木。常绿树是一年四季总是保持绿叶的树木，但并不是每种常绿树的叶子都多少年也不枯萎，有短的像樟树一样每年都替换全部的叶子，普通的像大果米槠一样生长两年，长的有像冷杉、日本铁杉一样保持10年。像这样常绿树是在几年内陆续落叶徐徐替换，落叶现象并不明显。与此相比，落叶树的叶的寿命不满一年，因从秋到冬的寒冷一起落叶容易被人觉察。日本的落叶树因冬天的寒冷树叶脱落有夏季绿色的特性，在有雨季和旱季的区域也有旱季落叶休眠的树木。落叶树的大部分是阔叶树，也包含一部分的针叶树。

　　另外还有中间类型辽东水蜡树、日本山杜鹃、大花六道木等，本来是常绿性树木，但在关东地区以北因冬季的寒冷绿叶的数量显著减少，变为半常绿树木。还有亚热带性的山榕等，会因为风、气温、干燥等的微妙变化，有一时性的，不定期地叶片脱落。

以一望无际而知名的吉野山的樱花，因常绿的针叶树的对比衬托效果得以提升

玉铃花那宛如白云的纯白色花朵，正因有背景的常绿树而更加突出

　　像这样，日本的树木的大多数分为常绿树与落叶树，但从北海道到冲绳的各种各样的气候带中栽植的植物中，因所在地区的气温、降水等条件的支配下，同样的树种也会变成或常绿，或落叶或是半常绿的树种了。

常绿树

　　常绿树，因整年都长着绿叶，大乔木的遮挡、防风、防雪、防火的隔断性能很高。在场地的四周栽植，改善建筑周边风环境的大树群，在海岸线连续分布的黑松的防潮林、防止冬季风的青栲高绿篱，虾夷云杉、库页冷杉的防雪林，红楠、珊瑚树的防火林等等，都是利用常绿性的乔木这个特征的栽植。

使用要点　　**通年具有存在感**

　　常绿树，因浓绿的叶遮蔽光线会给人以阴暗的印象，但能整年具有存在感，酝酿出浓厚的氛围。在具有规格的庭园的骨干树中，使用常绿性的松树、罗汉松、厚皮香等，在根周围布置皋月杜鹃、冬红山茶、台湾十大功劳等，是因为重视整年都不会变化的树的姿态。同样，总是追求遮蔽和隔断效果的绿篱，也是以齿叶冬青、齿叶槲、罗汉松、龙柏、光叶石楠等常绿树为主体的。

　　另外常绿树中有阔叶树和针叶树，各个种类给人的印象大相径庭。常绿阔叶树的大部分在冬季也比较温暖的地区生长，叶片是革质叶较厚，树冠成为圆形，总是郁郁葱葱，具有充实心灵的氛围。在日本庭园中，对黑松、赤松等应用保持紧凑树形的修剪技术，使其常年树姿保持不变，作为庭院树的主树使用至今。

　　还有，很多常绿针叶树具有特征性强的圆锥形的树冠，这些树种的故乡很多是冷凉的地区，因此从日本冷杉、雪松，本州云杉等会让人联想到北方地区。另外主要在国外创造出来，统称为针叶树（conifer）进行生产、贩卖的众多种类，具有营造出具有异国情调的欧风庭园的气氛的作用。

为整年可以观赏，由常绿树的全缘冬青、冬青卫矛的防风绿篱、整形修剪的庭园树等构成的住宅庭园

兼顾绿篱的造型性修剪的龙柏的列植

在海边伸展枝干，沐浴着海风，一年四季展现日本海岸线魅力风景的黑松

代表关东的常绿阔叶树青栲作为大尺度广场的主树整年不变显示了存在感

具有独特的圆锥形树形的雪松与同样是常绿性的南洋杉、日本金松共同称为世界三大园林树，成为整年的风景的主景

落叶树

　　大多数落叶树是长有宽大叶片的阔叶树，也有日本落叶松、水杉、落羽杉等针叶树，它们给人的印象有很大的不同。

　　落叶阔叶树的叶表面积大，具有各种各样的形状，盛开五彩缤纷的花朵，结出美丽的果实的树种繁多，呈新绿、开花、深绿、红叶、动态、冬态等季相变化，人们因此感受到季节的变化。另外在里山，自古以来麻栎、枹栎等薪炭林、柿、板栗等果树园、毛泡桐田等，在各自地区营造出该地区固有的风土景观，这些树种多数是落叶树。

　　落叶阔叶树观赏部位清晰呈现的树种较多，因此依靠它们的组合，能够呈现出该场景各种各样的印象。另外，落叶针叶树不观赏花与果实，但可以观赏圆锥形的树形与独特的色调的新绿、红叶，作为造园用的素材水杉与落羽杉是其中的代表。另外生长着清爽的新绿和明快的红叶的落叶松，非常适合呈现大尺度的北国的四季景色。

　　如此四季的变化多姿多彩的落叶树中，乡土种以外也有很多的栽培种作为造园、植林、果树用的栽植材料在生产流通着，作为四季变化的风景的主角、配角都可以从中有很大的选择余地。

桃园支撑着地区的产业，花桃和垂枝桃等观赏用的品种很多，作为庭院树和切花也大受欢迎

在伊豆樱明亮的树下环境开放的山绣球的绿色宣告了夏季的到来

从银杏树叶散落的风景中感受珍惜将逝的秋季的情绪是四季分明的日本人特有的感性

被称为樱枫的樱花的红叶纤细多彩（山本樱花与灯台吊钟花）

③针叶树（conifers）与阔叶树（broadleaf trees）

　　针叶树，是明治中期仿效德国的林业分类划分出来的具有针状尖叶的树木，是分类学上属于裸子植物的针叶树类的总称。针叶树通常分为松、杉、柏、南洋杉、罗汉松、金松、三尖杉、红豆杉等 8 个科，在其下有冷杉、雪松等 50 个属、300 个种，而它的品种据说超过了 1 万种。因其果实呈球状也称为球果类，英语的 conifer，具有结有球

以日本白山毛榉为主的落叶性阔叶树与日本冷杉、日本柳杉等常绿针叶树交织的早春的箱根山。

深绿色的针叶树日本粗榧与具有斑点明快色调的阔叶树海桐比邻而生，由此更焕发出相互对比的魅力。

果的植物的意思。从大小来看，从北美红杉、屋久杉等高度超过 50m 的巨树到几厘米的天山杉（盆景材料），树形呈圆锥、圆柱状的树木较多，也有球形、杯形、垂枝、匍匐及中间形等形状。

阔叶树是针叶树的对应语，具有宽大叶片的树木的意思，是分类学上属于被子植物双子叶类树木的总称。裸子植物的银杏竹柏等，在分类学上属于针叶树，因外观上明显的不是针叶树，在重视姿态的造园栽植中将其作为阔叶树使用也是很自然的。

针叶树

日本全境都比较常见的柳杉、日本扁柏、黑松、赤松、落叶松等针叶树的自生地与阔叶树对抗竞争的结果，限定在山脊线、寒冷的高山地带及北方地区的一部分，我们看到的大部分针叶树都是植林，即栽植的树木。柳杉、日本扁柏等针叶树主要作为林业用树种被使用，寿命较长的松、杉等，作为防潮林、防风林、各地的参拜道路及街道的行道树在各处种植。另外在造园中，以被称为庭院树之王的松为首，柳杉、日本扁柏、日本花柏等也被广泛使用，更是具有从江户时代以来将这些树作为母本向观赏用改良的漫长历史。

另外，同样是针叶树也会因生长地及树形的不同而外观的印象产生差异，从黑松联想到温暖的海岸地区，从赤松联想到内陆的山脊或干燥的明快的丘陵地带的风景。近年，由于英国风庭园的流行，被称为矮杉型的，生长迟缓，树高也长不太高，具有银白色、金黄色、茶色、有斑点等叶色的栽培种从欧美大量引进，众多的庭园变身为多彩的世界。

使用要点 **特殊的树形和叶形组合展示存在感**

日本的造园自古以来栽植使用的，是黑松、赤松等树种及它们的栽培种群。特别是黑松

| 具有青绿色的树叶特征的蓝粉云杉树形齐整，生长也不太快因此作为北国的庭院树受人喜爱 | 奔放地伸展着枝条的龙柏的自然树形表现出独特的个性，整形修剪的龙柏则别具魅力 | 赤松具有阔叶树一样柔软的树形，红色的树干酝酿出与黑松不同的优美情趣，作为庭园树深受喜爱 | 生长比较缓慢，被称为矮生针叶树具有多样色彩的针叶树栽培种，在现代的建筑物周围或是欧式庭园中较多使用 |

适应环境呈现各种各样的树形，通过修剪可以控制树姿，是日本庭园中必不可少的庭园树。

　　配植的时候，黑松、赤松及五针松等树冠像阔叶树一样呈伞型伸展，与日本柳杉、日本扁柏、本州云杉等成为圆锥形的树种使用不同，前者容易与其他阔叶树整体性取得协调，而后者要将圆锥形与阔叶树作对比的使用方法是配植的要点。

阔叶树

　　日本国土的大半，被称为照叶林的常绿阔叶树的森林所覆盖，日本的文化，可以说是受这些森林的恩惠发展起来的阔叶树文化。人们一边将没受到人为影响的常绿阔叶树森林作为神灵居住的神圣场所，保护在神社背后的守护林，一边把常绿阔叶树林替换为适于薪柴或木炭的落叶阔叶林来支持生活。这些树林能够永久地延续，是因为季节风形成的高温多湿的风土适宜阔叶树的生长，特别是枹栎、麻栎、毛泡桐等落叶阔叶树相比针叶树，能够肥沃土壤，具有很强的萌芽力，砍伐后马上就会开始萌芽更新，再次复原成原来的树林，这种可持续的再生产是可以实现的。

　　另外，阔叶树林形成多样的动物栖居地，与针叶树比起来，它对于保持物种平衡，抑制因特殊的动物引起的破坏性侵害，水土保持等效果都要好。此外，在景观方面，梅林、桑田、杂木林或是土堤的樱花等身边的里山落叶阔叶树的四季变化，给予日本人的感性以很大的影响。

神圣的场所下鸭神社的森林，遍布着糙叶树、楂树、赤皮桐等阔叶树（京都）

过去作为薪炭林使用的昌化鹅耳枥、麻栎的杂木林，现在作为多样的野生动植物的宝库得到保护和利用（东京杉并区柏之宫公园）

油亮的深绿色叶片与火红色的花朵形成完美反差的山茶，是日本具有代表性的花木

珊瑚树、耐海潮风的油亮叶子和红艳的果实的对比给人以热带印象

在作为表示与江户距离标记而建造的一里塚，种植了强健而长寿的朴树，向旅人展示着春夏秋冬的四季风情

叶大荫浓的常绿树日本石柯，因为对海潮风与干燥抗性强，特别常用在温暖的海岸地带的公园与街道等处

`使用要点`　**宽阔的树冠和丰富的绿量体现优势与包容力**

在造园上，对应着不同的主题，分别使用或组合使用常绿阔叶树所具有的厚重感与落叶阔叶树表现出的四季推移及轻快感是要领，根据尺度从单一种类的单层栽植到复数种类的多层栽植来表现。还有相对于阔叶树具有的亲切感和丰富度，通过使用在造型上叶片质地不同的针叶树进行对比性的组合可以强调出阔叶树的风韵。

2）草本类（herbaceous plants）

草本类，不具木质部，多数植物每年都更换地上部分的柔软的茎与叶，而保持常绿的草本类植物就是长成一定的高度后也不会再长高了。草本类中，有持续生存 2 年以上的多年生草本与一二年内开花、结果、枯死的一二年生草本。

`使用要点`　**表现地表面的色彩**

相对于长长的木质部留存在地面以上，立体地构成风景的木本类，草本类是平面地覆盖地表，承接水平的视线。草本植物种类丰富，位于人眼前，细微的变化以及多姿多彩的纹样为风景增添了华丽与深度。相对于木本类植物担任着构建风景骨架与血肉的任务，草本类植物实现了完成地表面润色的功能。如果把结缕草、麦冬等比喻成粉底，草花类植物就相当于口红与腮红。

草本类植物，从超过人身高的大植株到相当小型的植物，种类及形状极其丰富，只使用草本类也能够形成从大空间到小空间的多姿多彩各种尺度空间。

①宿根草本（perennials）与球根植物（bulbs）

宿根草本

宿根草本的定义是冬季仅地上部分枯死而地下部分休眠，第二年春季再次进行生长的草本植物，但在高温多湿的日本的常绿阔叶林带，生长着很多冬季也具有叶子的常绿多年生草本。另外，园艺上的宿根草本中，地下或者地平的器官积蓄养分变得肥大的种类，为了方便，作为球根植物进行区分。

落叶多年草本（宿根草本）

为抵御寒冷或干燥，地上部分本年枯萎，而地下茎、根或者球根继续存活，能持续生存 2 年以上的落叶多年生草本称为宿根草本，特别是在寒冷地区能发挥其真正价值的植物很多。宿根草本中花、叶富于变化的种类很多，品种的改良也很盛行。

`使用要点`　**在地表面表现出四季的推移**

在冬季休眠的夏绿性的落叶多年草本，因种或品种不同从春到秋的出芽、展叶、开花、结果、红叶等的推移变化多姿多彩、饶有趣味。色彩艳丽而香气袭人的种类也很多，每年都有新的改良种在市场大卖。因不需要频繁地种植更替，每年都长成壮实的植株，构成多彩的模纹，为了营造英国庭园的特征，沿着园路种植成带状的花境中的大部分都是由宿根草本构成的。

历经多年地下部分存活的宿根草本的花坛，会很容易让人以为不需要每年更替种植很省事，其实让多个种类互相邻接进行组合的时候，如果不能充分考虑每种植物的观赏期、花色、花形、叶色、叶形、叶质、植株高度、生长力等，整个群落无论在景观效果还是生态性方面都会不理想。特别是在高温多湿、台风时常侵扰的日本，想要控制这些，每几年进行分株更新，修剪花梗、枯叶及徒长枝，为防倒伏做支架，施肥，根茎部做防寒等持续的管理是不可欠缺的。另外，在没有积雪的地区，在地上部分枯死的冬季，做防寒与美观兼顾的混合树皮堆肥或稻草覆盖等地表面的处理等是十分必要的。

在英国从春季到秋季，经常看到像是为从入口到玄关的两侧或是庭园的小路镶边一样，由唐松草、羽衣草、落新妇等等落叶多年生草本花卉构成的花境（英国）

从日本自生的小叶、大叶、岩生等20种左右的原种等培育出来的玉簪属植物为主景的庭园被称为玉簪园，在国外也有很高的人气（千叶，玉簪苗圃）

常绿多年生草本

常绿多年生草本，在严寒与雪较少的日本的高温多湿的季风气候带的森林或树林的荫蔽地内广泛分布，在日本庭园里将它们作为树木及园石的下层地被或固根土的种植，来增加风景的丰富度。在造园中主要的使用种有：麦冬、富贵草、吉祥草、日本鸢尾、阔叶山麦冬、阔叶沿阶草、一叶兰、万年青、木贼、大吴风草、长囊苔草等乡土植物及其栽培种，外来植物中适应日本气候的东方铁筷子、百子莲属等也作为下层地被被使用。

常绿草本类与木本类组合使用的情况较多，与乔木与灌木的树形相协调来配置，由此来增强在风景中的存在。此时种的选定、配置，与景观性相关的同时、与由乔木、灌木形成的树荫、雨滴、风等小气候相吻合是它的要点。

（使用要点）　**作为地被与固根层赋予日本庭园特征**

被冬季也能保持绿色的下层草本或地被所覆盖的日本冬日风景，对于在寒冷、干旱等严

日本庭园下层草本的代表大吴风草无论在幽暗的树下还是阳光直射处都能良好生长

在湿润的树下形成群落的蝴蝶花即使在广阔的森林风景中也是非常协调的

具有耐寒性与耐阴性的东方铁筷子适应日本环境，作为开花下层草本深受喜欢

百子莲不择土壤，稍有庇荫就能开花，因此在庭园及公园中经常可见

酷的自然条件下生活的国外的人们来说是感觉是极其丰美的。栽植的要点是与日照条件相适应。在前文提到的日本产的大部分种在强烈的日光下会叶片灼烧，或因干燥容易引起衰弱、枯死，栽植地是以荫蔽或半荫蔽的树下及建筑物阴影等为中心。常绿多年生草本中能耐受直射日光的种，除日本产的大吴风草外，是以百子莲、丛生福禄考、百里香属、景天属、日中花属等外来种及栽培种为中心的。

球根植物

在冬季休眠的球根植物也是广义上的宿根草本，但地上部分的茎叶的养分在地下或是地表的肥大化器官内蓄积而休眠的植物，在园艺上，称之为球根植物以进行区分。

球根植物休眠以及展叶、开花的时期因种类而不同。大花美人蕉、唐菖蒲等春植球根花卉，是在温度变高的从春到夏期间为中心展开叶子的夏绿性，而猪牙花、贝母、红番花、待雪花、百合、水仙、雪滴花、花韭等只是从早春到春末之间保持绿色的称为春绿性，秋季开花从晚秋到初春之间展开叶子的红花石蒜等称为冬绿性。

另一方面，放任不管靠自身力量扩繁，每年开花的球根植物也不少。如自古以来被移入日本已适应日本气候的日本水仙、红花石蒜、雄黄兰、花韭、雪滴花等。还有，印象中在日本自生的山百合、猪牙花、老鸦瓣等应该可以很简单地种植栽培，但大多数自生地的生存环境都很难营造，在一般的造园栽植中很难使用。

使用要点 **要发挥出确实能够开花的特性**

如果种植了在球根内具有花芽的充实的球根，只要不是极端的干燥或因过于潮湿引起根腐，几乎不用养护就确实能开花是球根花卉的特征。郁金香、大丽花、水仙、唐菖蒲、红番花、风信子等，只是种上就能开花，至少在第一年能如预期绽放花朵。但是这些种类中的多数是从气候带不同的地区移入日本，在日本高温多湿的气候带中球根衰弱，或是分球细碎导致无法开花的情况很多。

3月，南欧原产的雪滴花不择土壤，在半阴条件下开出清爽的白色花朵，因而在日本也很受欢迎

4月，使用多个品种，只要种上好的球根就确实能开花的郁金香，正因如此它能演绎出华丽的花田风景

春绿性的猪牙花如非早春有阳光照射、夏季称为凉爽的树荫且具腐殖质土壤的树下环境无法生长

9月，红花石蒜是装点秋日日本的代表性球根植物，而它是中国原产

② 一年生草本（annuals）与二年生草本（biennials）

一年生草本如油菜花、三色堇、波斯菊、万寿菊、矮牵牛、醉蝶花等，是在1年里完成发芽、生长、开花、结果、枯死周期的草本植物。二年草，是如毛地黄、风铃草等从发芽开始不满1年以上无法开花的植物。每个类型都是在造园上，以在对象地里直接播种、移栽种苗等手段为季节性地集中展示花田、花坛、花钵，作为花坛材料生产、有很多的栽培种在市场上流通。

使用要点 **短期内展现出华丽的风景**

从造园栽植来看一年生草本的应用方式的特征，是可以在短期内展现出具有观赏价值的叶、花、果实的风景。还有生长周期短，每年都会生产出很多的品种，使多彩的颜色与多样

油菜花，本来是为了榨取菜籽油而种植的，最近作为观赏用的花田在全日本分布

自古以来作为观赏用植物进行栽培的雁来红植株高大，鲜艳的色调与乡里的风景很协调

醉蝶花如"西洋风蝶草"这个名字一样，在傍晚到次日清晨绽开风中飞舞着的蝴蝶一样的花朵，姿态十分梦幻

波斯菊不择土壤，仅是直播就能确保开花，因而作为被种植成大面积的花田装点着全日本的秋色

的形状组合成为可能。发挥这些特征，通过有规划地种植更替，1年里可以展现出好几次植物观赏的高峰。这种情况下每种的观赏期都有限的，想要持续地观赏，对应着观赏高峰次数1年里几次的种植更替是必要的。另外强健的波斯菊、油菜花、罂粟等，即使只是种子直播也能生长、开花，很容易形成大面积的花田，因此在全国各地比较容易地实施了赏花名胜的营造。

3）根据其他特征的分类

竹与矮竹

在东亚地区生长的竹类与矮竹，据称有500～1000种。既是常绿性又具有清爽风情的姿态受到日本人的喜爱，作为象征着日本庭园的栽植材料让外国人印象深刻。竹与矮竹的区别是，包裹着秆的箨叶在秆长成后脱落的为竹，长时间宿存的为矮竹，一般来说大型的为竹，为小型的为矮竹这一概念是通用的，在造园上也使用这一区别。芽的着生位置的不同也是区别的要点，这对造园来说也具有重要的意义。大型的竹的芽大概从地表到1m左右是没有芽着生，而矮竹是从地表开始即有芽着生。因此，竹类如果在很低的位置把秆切断就会枯死，而青苦竹、维氏熊竹、日本赤竹等矮竹类即使进行很低的刈割也会从地表萌芽，因此很多用作地被类植物。

① 竹（bamboosa）

竹分布于亚洲东部从温带到热带季风地带，在欧洲与南北美洲极其稀少。在日本可见的竹类大部分是从中国引进的。竹分为长长的地下茎每年在土中延伸生长，地上的秆稀疏挺立的单轴型，与在照叶树林地区，秆呈丛生状群生的合轴型。在日本可见的竹类大部分是具有地下茎的单轴型，但在冲绳等亚热带地区分布着在热带常常可见的，基本没有地下茎的合轴型。作为栽植材料在日本经常使用的毛竹、刚竹、业平竹等为单轴型，而热带、亚热带产的孝顺竹、龙头竹、凤尾竹等为合轴型。单轴型向四面扩展形成大群落，而合轴型在原地形成大丛植株，因此在造园上的使用也不同。还有在庭园中经常使用的小型的日本倭竹是单轴型竹类的同属种，但在造园中与矮竹同样使用。

使用要点 **作为日本的代表素材纳入风景中**

竹的特征在于它特异的形态。竹可以仅仅在1年内长到数米甚至10米以上，并且秆长久地保持活力。虽然是常绿性的，但是明快颜色的叶与秆在风中摇曳给人以清爽的印象。竹主要以东亚为中心自生或者栽培，而众多的种自古以来就引进日本，因而竹的风景已经作为日本温暖地区特有的风景扎下根来。

像这样主要是从中国引进的竹子，正因为作为村落的风景而散发其魅力，但近年，在住宅周边栽种的毛竹、刚竹等大型的竹子向周边的树林地扩张，使既存的植被发生了显著的改变而成为很大的问题。

作为栽植材料的使用要点，是对于生长如此旺盛的地下茎的控制。特别是对于毛竹、刚竹等大范围伸展地下茎的单轴型竹子，作为庭园的风景维持在限定的范围内的情况下，预先在地下设置防止地下茎伸长的防根装置是十分必要的。防根装置的深度，根据竹子的大小有所变化，小型的种类约45cm，大型的种类至少要60cm为好。

每年，在手边容易入手的竹材，作为竹篱笆、竹栅栏以及管理作业用道具的素材是不可欠缺的。特别是用地或地区内自产的竹子制作的竹篱笆，作为凝缩庭园师技艺的景观点缀，实现了提高地区或庭园个性的作用。另外，左右庭园美观的清扫管理也是非常重要的一环，因此耙子、扫帚等工具也巧妙地使用了竹子。

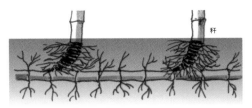

竹（单轴型）
在长长伸展的地下茎前端竹秆稀疏地向上挺立，因此能大范围扩展

作为食用、建筑、工艺用材等实用植物从中国引进的毛竹，现在也作为日本风景的代表植物，在庭园、公园等处栽植用作观赏

矮竹（合轴型）
基本没有地下茎，萌芽马上向上挺立生长，长成竹秆，因此成为丛生的植株

孝顺竹虽是热带竹中的一员，但因北至本州的中部也能生长，在日本的温暖地区也多栽植用作观赏

人家的周边种植的刚竹、毛竹侵入后山，改变了里山的自然与风景

凝聚着每个庭园师各自的技艺的庭园的竹篱笆中，精致得不可思议让人迷恋的不在少数（京都）

②矮竹（bamboo grasses）

竹与矮竹的区别从外表来看就一目了然，一般的矮竹中从长长的地下茎丛生着比竹短的秆的种类较多。与竹相比矮竹的耐寒性强，有众多种类在日本全境作为造园的素材使用，赋予庭园风景以日本的风格。特别是作为森林的下层植被生长着的矮竹是日本固有的植被，对外国人来说会觉得在树下有矮竹的风景才是表现日本本色的风景。据称包含种与品种在世界上有三百多种矮竹，在日本，生长着超过180种。作为在庭园中使用的主要种，有具有大叶子的维氏熊竹、日本赤竹，还有植株特别矮小、叶子也小的小熊竹、无毛翠竹、麒麟竹，叶中具有白或黄色斑的柳叶箬、菲黄竹等在日本分布的种及其栽培种在市场上流通。这些矮竹中，以小熊竹的名称广泛流通着的种类，是过去关东地区被称为小竹进行栽培的姬葎，和在关西以西分布的青苦竹的矮生种的一种。

在日本山地的树下广泛分布的日本赤竹，在冬季像维氏熊竹一样叶缘变白，因此多作为维氏熊竹使用（茨城）

维氏熊竹在西日本的山地里自生，多作为日本庭园的下层草本使用（京都）

与株型高叶子大、富有野趣维氏熊竹相比，常绿性的浅纤细的叶子覆盖地面的小熊竹，无论与狭小的面积还是植株低矮的灌木都很般配（东京）

狭叶青苦竹是东日本各地的树下非常普遍地自生，放置不管秆的高度也可超过 2m，但靠每年的刈割保持低矮，形成美丽的林下广场，堤埂等全面覆盖后抑制水土流失的效果也很好（千叶）

无毛翠竹在矮竹中也是植株最爱的种，修剪后可以维持 5cm 的高度而在盆景中使用，对庭园的山体等的大面积覆盖也适用

　在庭园中使用日本特有的林床植物

在森林的林床着生的矮竹，是常绿型的，耐荫、耐寒，秆丛密集向四周扩展生长，因此可以常年稳定地覆盖树下或建筑物的阴影。另外与竹相比，其竹秆短而且芽在地表附近，萌芽力强，因此贴近地表的刈割还可以保持株型低矮，是日本特有的地被植物。

矮竹作为栽植材使用时的要点，与竹一样，是对旺盛扩张的地下茎的处理以及通过刈割控制株高。单轴型旺盛地伸展地下茎的矮竹，可以说是少数的可以在宽广的范围内全面覆盖的造园用的地被类植物。但是相反，如果地表被矮竹覆盖，会有其他的低矮植物会被压制无法生长的弊端。为了欣赏矮竹与其他的植物的组合之美，必须预先在地下设置控制矮竹地下茎扩张的防根带。防根带的深度因矮竹的大小不同，大致小型种需要 20 ～ 30cm，大型种需要 45cm 左右。

刈割是矮竹作为地被类植物产生效果不可欠缺的操作。植株低矮的矮竹某种程度上置之不理也不会变得不堪入目，而如果置之不理植株会变高的狭叶青苦竹、青苦竹等，也可以每年 1 回，在秆长长后靠刈割来维持低矮致密的状态。另外每年 1 回的刈割不单单是抑制植株高度，以衰老竹秆的刈割替换成新叶可以保持水嫩的状态，同时改善通风还具有防止病虫害发生的作用。

还有，同样是矮竹但外观具有小型竹类的风情的寒竹、辣韭矢竹、大明竹、琉球矢竹等，作为小群落观赏，饶有趣味，别具风情。

③藤本植物（climbers）

藤本植物，是指伴随生长，表现出伸展藤本的茎在地表面蔓延，或者是向下垂吊，抑或是缠绕或卷握在从地面向上的植物上，吸附在树木的干或岩石等生长活动的植物的总称。其中，多花紫藤、七姐妹藤、凌霄等茎干木质化的植物称为木本性藤本植物，王瓜、头花蓼、风船葛、牵牛花等草本型的植物称为草本性藤本植物。

　发挥一株就能广泛覆盖垂直面及水平面的特性

藤本植物的特征，是从向下扎根的位置到很远的地方,依靠爬藤可以扩展出很大的绿色来。在造园栽植中，充分表现出木本与草本，常绿与落叶，一年生草本与宿根草本等藤本植物的特征，以及各个种的特征，以地表、壁面、树干、柱子、棚架、栏杆、花架、拱门等为基础或支撑物引导其攀爬。

蔓性长春花、洋常春藤匍匐在地表，或是沿墙壁下垂，以绿色覆盖很大的面积；多花紫藤、凌霄、七姐妹藤、日本南五味子、藤本蔷薇、叶子花、葡萄及猕猴桃等木本性藤本植物寿命长，缠绕在棚架、拱门或乔木之上，彰显其存在感，爬山虎、菱叶常春藤、薜荔及长节藤等吸附在墙壁或树木上攀爬而上，对展现垂直性的绿化具有重要作用。另外，应用丝瓜、苦瓜及匏瓜等一年生草本可以在短时间形成夏季的荫凉。近年地球变暖加剧，蓝花茄、蔓性风铃花、多花素馨及金钩吻等，观花的南方产外来植物或栽培种华丽地装饰着住宅的周边。

以充分展现藤本植物的美为目的的设计要点，是为植物健康地伸展其爬藤而设置作为支撑的墙面、栅栏、柱子等适宜的构筑物或工作物，以及根据空间、日照条件等选择合适的种类。而为持续展现这种美，之后的管理技巧是关键。特别是爬藤的修剪，对于爬藤旺盛伸展的木本性的多花紫藤、凌霄、藤本蔷薇、葡萄、猕猴桃等在有限的空间里欣赏其花与果实是不可欠缺的操作。修剪的要点是：①引导相当于树木主枝的粗藤均匀排布，根据空间排布截断徒长的细弱藤条；②花芽形成后的修剪，要确定保留花芽的位置及花芽数后进行；③修剪后新长出的藤条，向想让其伸展的空间引导的基础上以适宜的密度疏枝。

在日本各地的山野自生的多花紫藤，自古以来栽培用作观赏，有红花、百花以及重瓣等，也有以"三尺紫藤"为名的花穗很长的品种，在日本用作棚架或武士立等形式观赏

斑叶的黄金锦络石沿通直松树干匍匐而上，令人充分感受四季的变化

三色牵牛花正像它的别名"天国"一样具有清爽的天蓝色的花，人气颇高

从中国引入自古以来用作观赏而深受喜爱的凌霄花，与照片中颜色浓郁喇叭状发放的美国凌霄竞相开放，装点着日本多彩的夏天

具有强健且花开旺盛、香气宜人等优点的多花素馨，最初作为盆栽观赏，随温室效应加剧，大范围覆盖建筑或栅栏，融入街道的风景中

山地植物，在大乔木的树干上能攀爬到10米以上，开着像山绣球一样白色的花的藤绣球，在英国等地作为装饰建筑物墙面的藤本性花木到处都可以看到

不限于"舞女"这个品种，以日本的野蔷薇为母种栽培而成的藤本蔷薇的品种极多，每种都抗性强，以直立型树木等引导攀爬作为庭园的风景也富有情趣

④ 蕨类植物（ferns）

蕨类植物，是人为地对种子植物以外具有维管束的植物进行了区分的总称，因简单易懂，不仅造园界，在生物学中也普遍使用。蕨类植物不结种子，以孢子繁殖，除蕨、紫萁那样细碎的小叶如鸟的羽毛一样伸展的叶形的蕨类以外，还包含松叶蕨类、石松类、木贼类等形态各不相同的种类。

世界上以美国及亚洲热带为中心自生的蕨类植物种类有说 1 万种的，也有说正确的数据还不明确的。适宜蕨类生长的地区，以温暖、多湿地为主，在高温多湿的日本生长的蕨类植物，约有 630 种，广泛分布在暖地、寒地、湿地、干燥地等各种各样的生境中。特别是作为日本暖带森林的下层陆生的蕨类植物种类之丰富，世界范围也很罕见，与树林一体构成的多样的林床景观可以说是日本所特有的。与国土面积相比，蕨类植物的种类与数量丰富是特征之一，紫萁、蕨、荚果蕨、山鸟紫萁、大鳞巢旅等用于食用外，作为新春饰品使用里白、铁芒萁用作松茸竹笼的衬垫等被人所熟识。另外，蕨类植物作为盆栽观赏的历史久远，在江户时代松叶蕨、卷柏的选拔品种就受人喜爱，观赏叶子奇特形状的石韦的品种，与风铃组合在一起观赏的高山羊齿，此外，戟叶石韦、单盖铁线蕨、阴地蕨、瓦韦等也作为盆栽材料受人喜爱。但是由于在身边不太常见，至今作为庭园的栽植材料有意识地进行栽植的，仅仅有疏叶卷柏、兖州卷柏、荚果蕨、木贼、翠云草、日本紫萁等少数几种。

蕨类植物栽植用作观赏反而在欧洲等地更加盛行，特别是桫椤、观音座莲、大鳞巢旅、大木贼等大型热带蕨类人气高涨，作为温室的广告植物进行展示。此外，从日本、中国等地引入的原种杂交育种而成的众多的栽培种向日本反向输入，作为室内观叶植物在扩散。

使用要点　**荫蔽的树下或林床形成多姿多彩的风景**

根据蕨类植物的生活型，可以大致分为：①陆生种：在地面向下扎根生长；②附生种：在岩石上或树干上扎根生长；③湿（水）生种：在水中或湿地生长。另外这些种中有常绿性和夏绿性，同时也有喜荫、喜光的各种类型，作为栽植材料进行选择时，预先知道这些蕨类适宜的土地环境与其生活型是很重要的。

在庭园及公园散发着自身魅力的蕨类植物，大多数是作为森林下层生长的陆地性的蕨类。因此几乎都会在日照强烈的地方引起叶片灼伤，所以作为在建筑物的阴影或半阴的树下等的下层草本或地被使用成为主流。从造园栽植来看蕨类植物的魅力，在于像小鸟舒展羽毛明快清爽的叶形，以这种叶形与其他的植物的组合，各自作为衬托的栽植材料没有广泛使用，但抗性强适宜在庭园中观赏的种，除前面记述的种以外，还有红盖鳞毛蕨、掌叶铁线蕨、贯众、日本肾蕨、棕鳞耳蕨类、粗茎鳞毛蕨、戟叶耳蕨等。另外，喜湿的木贼类以及在岩石上附生的大鳞巢旅、石韦等的叶是特有的叶形，作为栽植地的重点栽植效果很突出。

在南方干燥的岩石上或树干上附生的石韦，叶形上变化多端，自古以来栽培用于观赏

线叶石韦是石韦代表性的变形叶，用作盆栽或是吊盆等观赏

在岩石上或树干上自生的夏绿性的高山羊齿，船型或屋顶型等组合，悬吊风铃以观赏

在北美阴湿地中生长的草高超过1m的大木贼，对干燥抗性也强，因此在树坑或花池等栽植的比较多

掌叶铁线蕨作为庭园树荫的下层草本使用，像它的名字（日文名字为孔雀蕨）一样，观赏其如孔雀开屏状的姿态

在各个地区路旁的石墙等处生长的常绿性的贯众，也有作为景石或手水钵的护脚等栽植

以富贵草及常绿淫羊藿为背景，新叶艳红色的红盖鳞毛蕨形成春季主景的连廊花园

庭园及寺庙的古树树干、岩石或屋顶上附生的常绿性的瓦韦，具有历史感且观赏价值高因而被有意识地保留下来

水中生长的田字草也是夏绿性的蕨类植物，田字草的叶子很有趣，种在水池中或水盆中观赏

⑤苔藓植物（mosses）

苔，也被称为"树毛"，指的是紧贴在树木、岩石或地面上生长的苔藓类或地衣类植物等，在植物分类的情况下指的是苔藓类植物。像日本这样南北狭长，从海岸到高山带具有高差大而多样的地形的，降雨量多而四季分明的国土中，据说约有2400种苔藓植物分布，构建了各地区特有的风景。还有，以藓冈的桧叶金发藓为代表的苔藓有

着被称为"苔绿色"沉稳色调明朗的绿色与柔软的质感,令看到的人的心情平静而缓和。如此,在正月里出售的梅花盆景的根茎部分必然要配以苔藓,将苔藓做成球状观赏的苔玉的流行也就很好理解了。日本人时兴在庭园中观赏苔藓虽是明治以后的事情,但京都盆地的土壤与湿度符合苔藓特别的生长条件,日本人巧妙地利用这些条件确立了在世界上独一无二的观赏苔藓的庭园文化。

使用要点 **利用本地区的苔藓**

一般说起苔藓庭园对象种就是桧叶金发藓,也较容易得到。但是对桧叶金发藓的生长来说,富含腐殖质的酸性土壤与适度的空气湿度是不可欠缺的,在环境不同的区域建造苔藓庭园,如果不能注意保持土壤湿度、避开西晒种植,每天浇水或喷雾等想长时间的保持是很难的。不过,如果不是仅限于桧叶金发藓,苔藓在全日本不论何处都可生长。该地区自生的苔藓原样不动用在该地区的庭园中,就可以毫不费事地观赏苔藓了。

海岸的松树,经历长年累月被大风、被波浪剥蚀了砂土树根在地表暴露出来的样子,被称为"提根松"的顽强的生命力与风骨,以全面覆盖的苔藓完美地衬托出来

有意识地设置苔藓的庭园称为"苔庭",西芳寺以及照片中的东福寺的庭园是众所周知的

站在成为宫崎骏的动画《幽灵公主》的场景——苔藓满生的屋久岛的原生林中有一种震撼心灵的感觉

反映岩石节理的细微环境中的苔藓,深化了岩石的表情

地衣植物的石蕊类,如照片所示在干燥的杉树皮及岩石上生长,向世人展现了看到其他植物无法体味到的如异世界般的风景

⑥ 多肉植物（succulents）

　　多肉植物，在包含世界各地都可见到，多数分布在非洲南部。多肉植物是贮水组织发达含有大量水分植物的总称。贮水功能，是对干燥以及高盐分环境的适应，因此在海岸及沙漠等恶劣环境中也能生长。有这样的贮水功能，是因为其具有迅速吸收周边的水分的能力与具备整日关闭毛孔使体内贮藏的水分不蒸发出来的形态。

　　多肉植物的数量，会因植物在多大程度上可以看做多肉而不同，而在园艺书上等介绍了景天科、番杏科等50科左右，包含品种约13000种以上。但是在降雨众多的日本自生的多肉植物作为观赏用而进行栽培的仅仅有景天、岩莲华、晚红瓦松、团扇八宝等物种，其他的大多数有特异形态、色彩、纹样等珍稀品种，都是爱好者从世界各地引入日本的外来植物。因多肉的流行日本明治时代就有近20个品种的岩莲华培育出来。还有作为多肉植物代表的仙人掌科是2000种以上的大种群，因其形态特异，在园艺上与多肉植物区区别使用。

以长生草为代表、具有多样色彩的较矮的多肉植物表现的织锦（挂毯）纹样展示

以龙舌兰酒知名的蒸馏酒是以特其拉龙舌兰为原料酿制而成，而它的近缘种龙舌兰及其变种黄斑的龙舌兰，都是自古以来被栽植用作观赏的

芦荟属有170种左右。在日本江户时代起栽培用作观赏的木立芦荟常在住宅周围栽植

明治初期介绍到日本的松叶菊，是耐寒性弱仅限于在暖地观赏的，如今具有耐寒性的品种已经在各地的石墙及庭园的岩石组景中使用

在岩石上或茅屋顶上生长的岩莲华，轮生的多肉的叶好似莲花，秋季开花也十分美丽，自古栽培用于观赏

在关东以西的海岸岩石上生长的日本景天，耐干旱及海水的飞沫，全草变成红叶的形态也很招人喜爱

过去在爱好者的世界中观赏的多肉植物，现在也伴随着园艺装饰、造园栽植的多样化，在普通人的生活中，通过盆栽、温室、庭园中欣赏的人正在增加。但是这其中作为栽植材料可以露地栽植的种，是以龙舌兰、耐寒松叶菊、芦荟、岩莲华、长药八宝、松叶佛甲草等为主，它们的形态非常有趣，因此在以岩石地或沙砾地等为主题的庭园中使用。

栽植最需要注意的是排水性好的土壤和充足的日照条件，在排水差日照差的地方长时间维持是十分困难的。虽然可以说多肉植物抗旱性强，但一定的水分和养分是必要的，在不含养分的沙砾或人工土壤中，长势会慢慢地衰弱。作为在薄层土壤中栽植的屋顶绿化材料虽然可以使用耐旱性强的景天属，但在极度干旱和多雨天气不断重复出现的日本，覆盖率也会变得稀疏，因而，也很难将其一概而论地定为是适合的地被植物。

⑦仙人掌（cacti）

仙人掌，是仅在南北美洲及其周边的各个岛屿自生的代表性多肉植物，在其他的地区见到的仙人掌都是引进的植物。在日本，也为观赏其形、刺、毛的趣味性自古就引入日本，汉字的名字众多，是为了对那个时期的纪念以及其通俗易懂性能够传承。仙人掌这个名字也是在日本给取的名字。仙人掌科已知超过 2000 种，而在日本仙人指、蟹爪兰、昙花等的大部分都是在室内或温室栽培用以观赏的。

能在露地栽植的种类是极其稀少的。其中的代表是仙人掌（团扇仙人掌）这一属的植物，最初引入日本的也是这一种。其他的也只有在寒冷地区的石墙等可见的白檀仙人掌（白檀），在温暖地区的园地格外引人注目的柱状仙人掌中的秘鲁天轮柱（鬼面角）等相当少见的种类。无论哪种都是在排水与日照都好的岩石地、沙砾地或石墙的缝隙间等有限的生长环境中，如果能适地适当种植，能予人以强烈的异国情调的印象。

仙人掌在关东以西可以露地越冬，因此经常可见在房檐下等场地长成很大的植株

白檀仙人掌在积雪地带的寒冷地区的石墙上开放大红色花朵，因而会让人有"这是南方吗"的错觉

⑧ 特殊树

这是造园自用的简洁分类，棕榈以及其他的棕榈类、苏铁、丝兰、新西兰麻、露兜簕、小笠原露兜树、芭蕉等形态上难以与上述的分类对应的一类栽植材料都归入特殊树一类。因此，因目的或区域不同也包含龙舌兰及仙人掌类，相反也有把棕榈类（palms）及苏铁类（cycads）作为单独分类的情况。而不论哪一种都是在热带或干旱地带生长的植物，其中能够适应日本气候的种类作为造园用的栽植材料使用。

使用要点　**有效地展现热带风情**

特殊树具有适应高温或是干燥的特殊形态，在地处降雨量大的季风地区的日本十分引人注目，它的使用也多用于让人联想起它们原产地的风景。棕榈类及露兜树类令人想到热带风景，而丝兰或苏铁则让人联想到干燥的岩石地或是沙砾地的风景。在造园栽植中，将其形态的趣味性作为庭院的点缀使用的情况较多。在配植上，与生长在与原产地类似的气候、土壤条件下的类似植物进行组合，无论是在景观上还是在管理上都是有效的。

加拿利海枣（左）是具有羽状叶棕榈中最具耐寒性的，在关东以西多用于与 Butia yatay（亚泰布迪椰子）（右）共同装点出异国情调

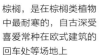

棕榈，是在棕榈类植物中最耐寒的，自古深受喜爱常种在欧式建筑的回车处等场地上

在冲绳的海岸道路上种植的苏铁，在琉球群岛到九州南部的海岸崖地上自生

自古以来在庭园等以丝兰的称呼栽植的是照片中的凤尾兰和丝兰，每种都是观赏其异国情调的姿态和巨大的钟形花朵

芭蕉是香蕉属中耐寒性最强的，自古在庭园等处栽植以作观赏，但是因香蕉不再珍稀，而其冬季枯萎的姿态不受喜爱，近年新栽植的已经变少了

⑨ 水生、湿生植物（aquatic plants）

　　水生植物，由挺水植物、浮水植物、沉水植物和漂浮植物组成，生物学上指水生的维管束植物，主要指可以开花长成种子的种子植物和水生的蕨类植物，与生长于潮湿的土地上的湿生植物有所区别。但是在造园栽植上，以从湿润地到水中生长，赋予水边风景以特征的植物作为对象，因此水生植物与湿生植物一起使用的情况较多。

　　在这些栽植材料的使用上最重要的，是植物从湿地到水中各处的分栖共存。其中：①在湿润的土地上生长的水芹、木贼、玉蝉花、光千屈菜等湿生植物；②生长于水深大约 0 ~ 1m 的芦苇、宽叶香蒲、燕子花、莲、日本荷根等挺水植物；③在 1 ~ 2m 的水深中在水面展开叶子的睡莲、眼子菜、田字草等浮水植物；④在水深 2m 以上的水中生长的黑藻、金鱼藻、密叶苦草、穿叶眼子菜等沉水植物；⑤在水面漂浮的凤眼莲、紫萍等漂浮植物。而挺水性的芦苇直到潮湿的陆地区域出现，同样的挺水植物日本荷根及浮水性的睡莲也有具有在水中的沉水叶的，即使同样种类在不同的水深中改变形态而生长的并不少见。

使用要点　　作为景观与生物多样性的据点营造水边的风景

　　栽植的对象地是池塘、水流缓慢的水渠以及其周边的湿地等，对象种以这些地方为适地的水生或湿生的宿根草为主体。另外从水中到陆域渐次迁移变化，包含作为水边食用植物利用的水芹、莲等植物多样的植被形成养育了众多的野生动物，作为生物多样性的关键发挥着重要的作用。

　　从陆地与水面的迁移带的湿地到 1m 以内的浅水边，也是水边风景营造的关键，作为造园栽植的素材，观赏花和叶的花菖蒲或原种的玉蝉花、燕子花、黄菖蒲、金钱蒲、马蹄莲、三白草、山梗菜、光千屈菜等以外，也使用芦苇、宽叶香蒲、菖蒲、茭首、木贼、三棱水葱、弯囊苔草、睡菜、水芭蕉等自生种。在浅水区域生长的莲或日本荷根等挺水植物，在水深 1m 以上的水中生长的睡莲、荇菜、眼子菜等浮水植物也作为栽植材料，但黑藻、金鱼藻等沉水植物以及凤眼莲、紫萍等漂浮植物作为栽植材料使用的情况就很少了。另外 1 年生草丘角菱等，在有一定流速的河川中生长的密刺苦菜、梅花藻等也是同样的。

　　栽植时的要点是，在水中种植的时候不要让植物上浮稳固地进行移栽。管理时的要点是，不要让繁殖力旺盛地芦苇、宽叶香蒲、茭首、睡莲等过于茂盛压迫其他的植物持续地刈割，为了水生动物，要让阳光照进水中，总是预先保持比较大的宽阔水面。水边的风景，正是与水面成为一体它的价值才能充分发挥出来。

从沼泽经过湿地直到陆域的水边的风景（静冈，桶谷沼）

池塘周边的浅水区域中有挺水植物菱首与浮水植物的丘角菱、荇菜分布

从浅水区域到湿润地的水域边点状分布着灯心草的小群落

燕子花装点着明朗的湿地

白毛羊胡子草，在代表着日本湿地草原的尾濑沼的初夏的风物诗中，与早春的水芭蕉、盛夏的小萱草共同成为观光的焦点（尾濑原湿原）

在以水乡的名胜地闻名的茨城县的潮来，以黄菖蒲、燕子花、花菖蒲等装饰着水渠、水池的边缘欢迎着观光客（茨城）

睡莲是要观赏它在水中漂浮的姿态的，因此在植株周围设置宽广水面是其要点（高知·莫奈庭园）

在日本各地的池沼中自生的日本荷根，具有光泽的大叶子和黄色的花令人印象深刻，造园上营造水边的风景是不可或缺的植物（千叶）

相当久远的年代引入的莲，为了莲藕的栽培在各地种植，也有花色、花形各不相同的栽培种，在公园、庭园的水池及水盘中也栽植用作观赏

与光千屈菜相比，千屈菜的花穗更大，株高可以达到1m，长长的紫红色花穗在池沼、河原的湿地上随风摇曳的风景，让人忘记了夏季的酷暑（盛冈）

凤眼莲是原产美洲的植物，是夏季开出美丽花朵的漂浮植物，在日本的温暖地区野生化，作为区域的水边风景固定下来（大分，汤布院）

水生植物的分栖共存模式图
引自：参考大泷末男《水草的观察与研究》（ニュー·サイエンスシャ社，1974）绘制

168

⑩ 禾本科植物（grass）

种子植物中最大的科禾本科，据说在全世界有 600 多属，1 万种，广布于从热带到南极大陆，从海岸到高山，从湿地到沙漠的广阔区域中。这个科的特征，是具有平行脉的线状叶和独特的穗状花，可以明显地区别于其他的种类。木本性的竹与矮竹也是禾本科的，在造园上将它们作为不同的种类。禾本科植物，在造园上分为游人可进入的草坪和观赏草。

草坪

结缕草（芝）也叫野芝，在日照良好的山野中自生，而为了在公园、庭园及高尔夫球场中使用，大规模地栽培了叶与茎更细像它的别名"丝芝"一样，名字叫做细叶结缕草的结缕草。另外被叫做西洋芝草的常绿芝草被用作高尔夫球场的绿化，但对日本高温多湿的气候抗性较弱。

使用要点　**草坪的养护管理要勤于进行**

在高温多湿的日本作为草坪使用的禾本科的种，以适合日本气候，在市场上流通的结缕草与细叶结缕草 2 种来考虑就好了。每种都对游人践踏抗性强，但会因日照不足或土壤板结衰弱，因此至少要在春分和秋分时期有 4 小时以上的直射光环境，与预先保证兼具通气性、透水性与保水性的土壤基质是必要的。

另外，因为草坪常常在较低的刈割时大量失去叶绿素，对应着刈割的频率补充对恢复所需的营养成分是必要的，为了尽可能地保持草坪地的平坦，在休眠期为修整不平的撒土施工也是不可欠缺的。进而要长期保持草坪状态，为了更新草坪的根茎，补充空气与养分，在板结的土壤上打孔填充富有腐殖质的营养土，这种叫作空气口粮的工程是十分必要的。

此外，在草坪中混栽入植株、低矮耐践踏及刈割的几种植物，这样的草坪远处眺望时也会反映为草坪景观，它在分散踩踏的宽阔空间中以比较粗放的管理即可维持的基础上，也适应高温多湿的日本气候，其中质感与色调不同的蒲公英和车前草因其四季不同的变化，可以形成富有野趣的草坪景观。

沐浴在强烈的日光下的明亮草坪突出了背景中深色的树丛（东京，新宿御苑）

在降雨很多的日本，因为从枝叶滴落下的雨滴，即使在阳光照射到的树下也无法生长草坪（东京，新宿御苑）

观赏用的禾本科植物

　　欧美出版了只记述观赏用禾本科植物的造园及园艺的专业书籍，而在日本只是由爱好者栽培了五节芒、芦竹、箱根草的有斑品种。但是以一时兴起的英国庭园潮流为契机，包含莎草科、百合科的众多的单子叶植物以有斑品种为中心作为观赏用植物开始在市场上流通起来了。

（使用要点）　要注意充足的光照及冬季的外观

　　禾本科植物的魅力，在于其他植物无法表现的清爽地在风中摇曳的风情，以及具有各种各样不同形状的穗状花序。但是在高温多湿的日本，置之不理也会在身边有众多的禾本科杂草茂盛生长，对这些种来说要追求明确的具有不同的叶及花穗的形状、色调的种类。其中的代表是叶上具有黄色或白色的色斑的有斑种或是叶上染有红色、桃色、黄色等有色种。使用上的要点，是确保大部分的禾本科植物必要的充足阳光，以及对夏绿性禾本科植物冬季期间的枯萎预先予以考虑。另外在禾本科以外的植物中作为焦点使用也很有效果，但这种情况下因周边植物容易形成树荫而使用具有耐荫性的莎草植物比较合适。

株高能够达到 4m 的原产阿根廷的蒲苇在明治中期就引入日本了，正是在宽广的空间中恰能发散出魅力（东京，神代植物公园）

一株五节芒提高了灯笼的存在感（京都）

从对岸也能吸引注意的茂盛的有斑芦竹的大植株（茨城）

观赏用的禾本科植物与宿根草组合，从春季的新绿到以初冬的雾、雪装点的姿态可以长时期欣赏的观赏草花园（英国，威斯利花园）

在黑松的根际种植的深绿色的常绿性长囊苔草（千叶，山本邸）

第 6 章

监理与运营

根据监理要求坚持一致性

要想使新的景观规划和设计能够顺利进展，相关人员的想法达成共识是非常重要的。从规划到设计、施工、监理的各方面的专家，如果不能齐心协力，是无法建设出优美的空间的。

监理就是受建设方所托，同时也能够站在设计者、施工者等角度，并能很好地理解设计意图，能够从各自立场出发，很好地交换相关意见，便于能够在事先进行调整，从而达成目标的一致性。

与造园相关的专家们，主要有专门从事规划和设计工作的设计者、从事施工和管理的施工者和从事植物材料生产的生产者。设计者是在规划书和设计图纸上体现出项目的意图和内容，施工者是对应这些内容，从生产者那里调配具体物质并进行建设，并且在建设完成后还要进行相应的植物养护。为了能够保证这个程序的一致性，不但要和综合了建设方想法的设计者一起，还要和在施工现场进行具体实施的施工者进行良好的沟通，综合各方面专家意见和建议以取得高度协调是造园事业成功的前提，也是共通点。

其中，对于政府投资的公共事业和复合型土地利用所进行的民用设施建设等，以及设计和施工常常不可避免地要分开的项目，设计和施工的整合变得较为困难，因此建设方设立与设计者与施工者的沟通渠道变得极为重要。

和植物栽植相关的监理，目的是进行施工现场的沟通与交流，主要工作内容是，进行植物材料和设计的详细确认。另外，对于不断变化的造园活动来说，在施工结束后的管理阶段，为了不与建设方的理想景观目标错位，仍旧需要在理解设计者的意图基础上继续对各个方面进行监理。

图一：植物材料的检查要点为：规格大小和树形的确认

图二：在保护自然植被的自然地带，为了确认从周边侵入的外来植物，连根拔起进行确认（鸟取）

图三：设计者为了使栽植的树木形成目标树形，进行修剪示范（冲绳）

对于重视生态的造园栽植
不可欠缺的监理体制

　　生态，是生物在自然环境中生活的样态。现如今，无论男女老幼，都热衷于登山或野营寻访自然中的植物和动物，这种倾向对庭院和公园建设产生了一定影响，并促使了利用地域的自生物种、重视自然性的环境建设事业的推进。

　　进行生态环境建设最重要的是对土地本身固有特性的利用。具体地讲，就是即使只残存极少的既存地形，那么也要尽可能地原样保留好既存的植物和表土，让新建部分融入原有的环境。在原有的环境中，土壤生活着大量生物，而后的植物种植也继续传承着当地的这种土地生态特性。进行新的环境设计时，应该从这些方面进行把握。

　　植物材料的种类和个体的选择是以建设生态环境为目标的植物种植设计中最重要的内容。一般来说，公园和绿地等的植物种植设计使用的植物材料和规格，选择市场上流通性高的绿化树种（参照 p132—133）的情况较为常见，基本可以按照设计图进行施工。但是，如果是以营造生态环境为目标的建设项目的话，一般选用市场上不常见的乡土树种为多，并且还要求植物材料是具备地区遗传因子的个体，只能是在事先规划时就进行生产培育，否则难以入手。

　　特别是重视生态空间营造的植物栽植设计，事先要对可能到手的植物材料的种类、规格、数量进行调查：①如果多数植物材料可以买得到的话，应该以这些植物为主进行配置；②如果从设计到施工的时间足够富裕的话，可以提前生产规划中涉及的植物材料以备用；③如果到手的植物材料的规格小、数量少的话，可以先期种植可代替的植物以确保绿量，之后再逐渐除去即可；④植物材料有无的确认以及如果到手时间有限的话，可以先对栽植区域的土地进行整理，再按照植物到场状况分阶段进行调整和充实，等等情况都要加以考虑。总之，要根据植物材料的状况进行综合考虑进行生态空间的整备。

　　但是像这种方法，使用大树按照通常的造园栽植流程进行施工是有一定困难的。特别是公共建设项目，设计与施工的业务都进行了分包，再加上之后引入新的管理者，如果没有将重视生态的设计意图和最终目标准确地传达给相关的人，则将不可避免地会因时间的变迁而形成截然不同的空间。因此，为准确实现目标，经常性地将动态变化的生态空间一直向着目标引导的监理体制是不可欠缺的。这种情况下，造园监理者不能缺少的素质就是植物的识别能力。但决定着生态空间质量的植物识别能力应该由施工者和生产者承担，而不是由注重生态的造园栽植的监理者担任。

　　Daikin 工业的全球化研修设施"Aresu青谷"，是作为社员的研修以及与国内外的技术人员、顾客以及地区居民交流，社员及家属疗养的场所，在与鸟取沙丘比较近，面向井手之滨建设的。纯白的沙滩，作为鸣沙海岸而知名，在其背后生长着由海岸沙丘所孕育的珍稀海滨植物。用地从沙丘向背后延续，包含在黑松中混生有刺槐的防护林区域的一部分，大约有 5.4 公顷。景观的目标是保护受大自然恩惠的自然环境，与它内侧连续的绿化整体对待，使其生态稳定，景观优美。

　　向着这个目标的具体化是希望设施周边极其优越的自然环境，通过适宜的设施建设以及之后的管理能更加向好发展。特别是关于左右自然环境品质

的景观，决定由精通植物生理学、生态学的学者、设计者及施工者共同组成了团队。作为其结果实施并延续的内容有：①砍伐妨碍防护林功能的原产于北美的刺槐等；②在砍伐旧址上恢复以地区原产抗虫害的黑松、榉树、海桐花、日本卫矛等为骨架的树林；③在成为骨架的树林林下及林缘，有计划地生产恢复以本地区的个体繁殖而来的玫瑰、日本卫矛、海桐花等灌木；④设计者把以上归纳到以自然环境保全为前提的设计书中，通过监理业务，向建设者提出建设的内容及方向性的方案，在生产及施工现场反映出来等。研修楼在 2008 年竣工后，与②及③相关的充实自然环境的做法持续进行，在那之后的附属设施及园路整治中也有体现。

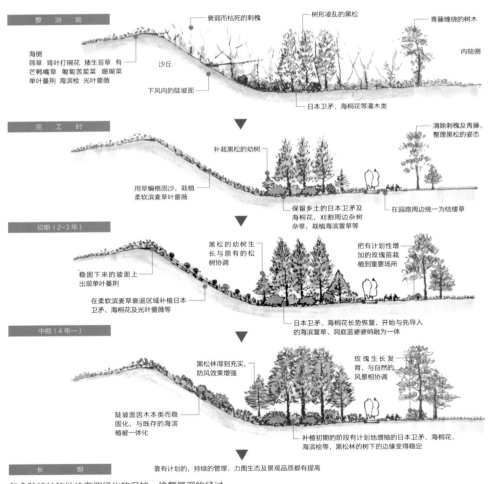

包含防护林的地块海侧绿化的保护、修复景观的经过

整治前的衰弱或枯死的刺槐与寒碜的黑松形成的防护林，以及在其背后建设中的研修设施

完工时，在既存的黑松林中补植本地区产的具有抗虫性的黑松的小树，地表以柔软滨麦草或结缕草覆盖，为之后的自然环境的成熟做准备

随意栽植的苗木，成活后用保护栅栏围起来在放任的状态下适应自然环境

距离鸟取沙丘较近的这一区域是已知的玫瑰分布的南限，过去以青谷地区为首到处都可以看到它的身姿。从在天然纪念物指定地区之外的鸟取机场附近出现的1株玫瑰采收种子，在这个区域培育了苗木，从地块内的防护林到设施周边的自然地都进行了栽植。

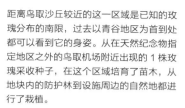

在海岸的沙丘进行玫瑰的调查

采收的玫瑰果实与洗净的种子

在大棚中播种后经过2年的苗木，拿出屋外在野外的环境中进行驯化

被筛草及肾叶打碗花等海滨植被覆盖的沙丘的背后部分的防护林的内侧伫立的研修设施周边的绿化，以既存的植物群落为骨架，依次补植乡土的海滨植物，使其恢复，向不论生态上还是景观上都良好的风景环境进行整治

筛草

肾叶打碗花

总景观师的必要性作用

在各种各样的业主及业种混在的城市地区，以及企业团体参与策划的与花卉或绿化相关的博览会、绿化展销会等会场，相邻的造园空间由各自的设计者和施工者分别进行，因此不可避免形成了街道或会场总体缺乏统一的景观。特别是在新的城市建设或彰显特定主题或目标的大规模公园、主题公园、住宅小区、复合型商业设施或展览会会场等地，为了让所有的相关者达成认识，按着主题或目标的方向建设，具体的指南或是指导方针就变得十分必要。把它的整体效果具体地汇总起来，对相关者依据指导方针做出指示统领全局的，与建筑相关的是总建筑师，与造园相关的是总景观师。它的作用，是向与该开发相关的建筑师或造园相关人士，提出该项目的共通思考方式或设计的方案，使设计及风景向着具有统一性的成果进行。

在日本，至今为止这样的事例不太多，但大家已经开始认识到景观与建筑的协作对土地使用的效率化及具有统一感的风景营造的必要性，设置总景观师的项目正在增加。

实例 **芝浦岛** 因设计指导方针而成的有魅力的城区建设

《芝浦岛·设计指导方针》是以岛整体形成具有魅力的城区为目的，为了与城区建设相关的人士对于设计持有共通的认识，对关于具体的思考方式及设计进行汇总的指导书。这个指导方针，就建筑、栽植、照明在项目中达成一致的事项以总负责人（总工程师）的名义进行汇总，集结为 BOOK-I 和 BOOK-II。

设计指导方针，为了与该区域相关的众多的行政及企业的工程方面、规划方面的各种各样的条件相对应，在运行的同时，要与各个开发工程部门共同在定期召开的协调会上进行调整。

《BOOK-I》
了解建设条件的同时，展示了以形成具有魅力的城区为目的的设计构思和概念。

《BOOK-II》
承接在 BOOK-I 中展示的设计构思及概念，提取构成芝浦岛的主要元素，分别就建筑、栽植、照明，制定全岛共通的设计准则。在此，为了相关人士都能够理解，尽量采用众多的事例及图案，通俗易懂地进行了表达。

以被东京港西南端的运河所环绕的人工岛为主体的芝浦岛地区的城区建设，是在贯穿建筑、栽植、照明各专业的设计指导方针下进行的

以研习会的形式采纳居民的意见

公共事业是由居民的税金支撑而进行的，委托人是居民。可是因为居民是不特定的多数，实际上进行事业执行的窗口是吸取居民意愿实施事业的自治体的负责岗位。公园等的设计由自治体任命的设计者与负责人协商确定具体的内容。因此，一般情况下这个过程作为使用者的居民的意见直接得到反映的机会很少，难以确保它能成为反映居民意愿的公园。

解决这样的问题的手法之一是以研讨会的方式向前推进。研习会（workshop）原本指的是在各个艺术的专业中学习具体的技术的集会，而在公园研习会中，是以尽可能遵从作为使用者的居民的意见而使居民从设计协商的阶段就参加进来，就公园的内容、使用的方式等充分交换意见，并将它的结果在设计中得以体现的手法。

公园研习会的优点有：①自治体有把公园定位直接向使用者传达的机会；②居民可以在公园的框架范围内自由地提出意见；③参加者保持有听到各种立场及不同的人的意见的机会；④由处于自治体与居民之间的专业的归纳者的公平的运营，大趋势可以约束在可以向下进行的内容内；⑤以研习会的方式让使用者的意见得以体现，使公园成为居民自己喜爱的公园，在之后的管理及运营中也容易获得居民的协助，等等。

但是在初期阶段，自治体采用这种手法，会因为归纳总结阶段要花费时间和经费，在行政方面运营的有经验的人与专家少等理由敬而远之。不过最近，与投资相符的效果被逐渐认识到，已经变得在各种各样的场合下高效率地进行实践了。特别是公园研习会，协调行政与使用者，能使事业顺利进行的被称为"项目主持人"（facilitator）的专家的存在十分重要，能起到这种作用的人的条件是，关于公园规划及设计造诣深厚，也可以理解使用者的想法，能贯彻立场中立，不偏向行政或是使用者任何一方。目前这个职务由学者或是造园顾问等承担的情况比较多，但也出现了专职人员。

研习会的手法，并不限于公园的设计，居民参与的以森林营造为目的的苗木生产、植树，以及之后的树林管理等，众多的劳动力、学者与经验丰富的人士的协调合作很必要的项目等也较多地采用研习会手法。

提出《居民与杉并区的共同经营》的东京都杉并区，作为地区公园用地购入了约 4.3 公顷的企业广场旧址，在整治的时候，为居民的意向能够反映在公园的内容中，采用了从总体规划的阶段开始居民也参加的研习会运作方式。

研习会的参加者，以公园用地周围 500m 范围内的居民为对象，讨论在约 6 个月的时间里进行了 5 回。造园顾问起到主持人的作用并承担画图与运行的业务，杉并区的负责人和居民大约 80 人参加了研习会。

研习会内容如图所示，以第一回是公园整体形象的归纳总结，第二回是形象达成的可能性与课题的确认，第三回是具体的空间形象与使用形象的讨论，第四回是向空间形象的规划归纳，第五回是根据由专业人士和有识之士组成的公开专门委员会的意见，提出最终规划的草案与使用创意的征集，这样的程序进行的。之后，经过区里的调整形成的最终规划（方案），经过参加者的依次传阅，最后修正的公园总体规划正式在区里的公示文件中发表。

市民参加的研习会的构成
参加者分组讨论

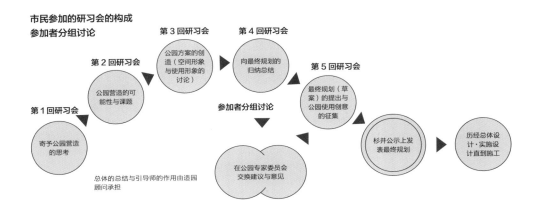

第 1 回研习会　寄予公园营造的思考
第 2 回研习会　公园营造的可能性与课题
第 3 回研习会　公园方案的创造（空间形象与使用形象的讨论）
第 4 回研习会　向最终规划的归纳总结
第 5 回研习会　最终规划（草案）的提出与公园使用创意的征集

参加者分组讨论

在公园专家委员会交换建议与意见

总体的总结与引导师的作用由造园顾问承担

杉并公示上发表最终规划

历经总体设计·实施设计直到施工

全员视察现场，确认各种思考（第 1 回研习会，2000 年夏）

就公园方案分组进行讨论（第 3 回·第 4 回研习会，2000 年秋）

整治前的企业运动场（1999 年）

整治后的柏之宫公园（2009 年）

①棒球场与田径竞赛用的跑道，改造成宽阔的草坪广场
②红土网球场，改造为鹅耳枥、枹栎、麻栎的杂木林
③既存的杂木林，清除外来的植物与林床的青苦竹，进行下层刈割作为健全的杂木林予以保全
④游泳池，通过自然驳岸以及中岛的设置，改造为可作为野生动植物生长的据点的池塘
⑤红土网球场，改造为周边居民做相关志愿者活动的无农药的水田

第 7 章

植物管理

造园是因地制宜的有效利用

在某处的东西尽可能不动用能源就原样利用（reduce），在该地区或场所废弃的资源尽可能再利用（reuse），原样不能使用的东西再生为别的东西进行利用（recycle）。3R 的意识，已经作为如今这环境时代的关键词渗透到各个角落。在这一点上，造园本来就是以本地生产本地消费、再利用与再生利用为原则，有效利用该土地的自然素材营造惬意的生活空间，在某一区域施行 3R 的环境保护型的业态。这是因为庭园建造的动机是把自己喜爱名胜地与理想乡在身边再现吧。因此庭园师会从本地区野山的植物及自然石中选出素材，使用挖掘出的自然石，组成假山、瀑布、护岸、石墙、汀步、甬路，加工成灯笼，蹲踞、石桥等。另外，以加工后的木材或竹子，制作亭子、篱笆、门扉，作为传承历史的点景让不再使用的古瓦、石臼等焕发活力。庭园的管理也要继续这样的流程，修剪下的树枝、落叶、厨余垃圾作为堆肥归还给土地，景石与铺装石改建中可以反复使用多次。这样做并不是单纯地为了不浪费，而是由于通过原样利用既存的地形、树木，建筑及生活的废材，可以继承这片土地以及居民的历史，酝酿出景观特有的深厚韵味。

但是现实中，轻视掌握造园技术的专业人士的技能，通过使用大型重机的土木工程，轻易地改变或去除地形、树木，把用地用混凝土及其水泥制品进行加固的作法成为主流，而作为石匠技能最精彩部分的蹲踞、石灯笼都要依赖从国外进口等等，这些正在急速地削弱着造园业所独有的特质。而另一方面，日本国民在少子高龄化、重视生物多样性等时代背景下，从 2011 年 3 月 11 日的东日本大地震的教训中，深切感受到对有限的资源及能源必须要无比珍惜有效使用。正是这样的时候，造园家不是正应该重新重视地区的资源以及人的智慧和技能，力图回归到本来的环境保护型的造园方式吗？

从因火灾及改建工程而成为废料的所有石材不挑拣地使用建造的石墙上，可以感受到安土桃山时代的雄浑的气势（京都）

碎瓦与古瓦组合铺装而成的园路，充分发挥出了庭园师的感性与技能

变得零碎的一部分石塔，作为手水钵利用在蹲踞中（京都）

让时间成为管理的伙伴

苗木，可以说是花钱买时间一样的东西。为了使苗木不因移植受到大的伤害，应该预先：①施行以再生细根为目的的断根；②利用修剪修整树形；③到需要的时候都在苗圃养护这样的步骤来维护。这样的操作中不一定就必须一定的时间，但如果使用经过适宜的苗圃管理时间的树木，因移植产生的伤害就会比较小，在栽植后马上就能营造出有品质的植物景观。这些就是购买苗木被认为是在购买时间、劳动力和技术的理由。

但是不管多么高品质的苗木在一片新的土地上扎根，与近旁的植物相适应，直到无论作为植物个体还是群落都成长为目标所需的形态，一定的时间是必要的。况且使用没有成熟的青年树或是不做断根的树木的时候，到这些树木能够发挥出树木本来的魅力需要很长的年月。另外，栽植是以适期栽植为原则的，为了选择对各类植物生理适宜的时期，也需要在时间上的富余。造园是自然与人经过长时间的协调互动而成立，这从"一半建一半养"或"上农的除草"*等谚语中也可以领会到。

如此在造园栽植中，栽植材料的生产、栽植、管理的所有阶段，顺应植物的盛衰利用时间的方法成了关键。让时间成为伙伴还是敌人，由此产生的结果有巨大差异，而产生的巨大伤害是之后无法挽回的。

---

*一半建一半养或上农的除草—"一半建一半养"说的是如何对待庭园树的问题。受自然的土地与气候左右的庭园树或果树，是植物与人类协调互动形成的，光靠人类是无论如何也不能实现的。构成庭园的树木骨干是人营造的，过后就依靠大自然了。根据自然规律来管理植物，不把自然的力量作为自己伙伴的管理是不成立的。

"上农的除草"，说的是"上农"在杂草还没出现就已经把杂草除掉的谚语。"上农"即好的农夫，他会在杂草发觉杂草发芽的征兆而提前处置。一般的农夫是发现杂草后除草。而较差的农夫则是看到杂草了也不除。植物管理者，要像好的农夫一样，要预见植物生长的轮回，成为事先采取措施的技术人员。这两句谚语表达的都是把植物作为生命来管理的重要性这种先人的智慧。

在苗木市场，照片中排列展示的茶梅是历经岁月成熟的苗木，施行了充分的截根缩坨和精巧的树根打包形成了结实的根坨，可以耐受长时间的移动和展示

全缘冬青以自然树形的原貌作为庭园的主景观赏的不在少数，但经过长久时间坚持不懈的管理产生了造型上的观赏价值

充分理解演替的植物管理

　　演替（succession），是指某个植物群落受周围环境变化或动物等的影响，向其他的植物群落发展变化的过程。在云仙普贤岳及三宅岛的火山喷发，导致其山脚下的原野上生长的植物连同表土被埋在了无机质的熔岩和火山灰的下面。可是即使在这种区域，随时间推移苔藓与一年生草本开始入侵，经过多年生草本群落逐渐向原有的常绿树林恢复。像这样，从消除了地表面的有机物及生物的状态开始的演替称为原生演替，在我们日常能见到的演替中是十分稀少的。

　　与造园的植物管理相关的演替被称为次生演替，是在人为的挖方、填方形成的人工地或有树木及草坪的栽植地上伐除了尚存的树林后，因在这些基础上留存的有机物及生物状况而重新开始的演替。人为建造的造园栽植地，全部都向着这种次生演替的方向发生变化，因此栽植后植物的目标形态如果是顺应着该土地演替的方向的植物形态，不需插手就可向目标形态方向靠拢，而如果是在中途中止演替，或是以不同的演替序列中植物群落为目标的时候，持续进行将这种阻碍变小的管理来向下进行是必要的。

　　对日本来说，植被群落的大部分是向着被称作极相的稳定的自然树林进行演替的，因此要持续维持处于这种演替前阶段的草坪地或草地的情况下，为抑制其树林化清除树木、剪草、除草等操作是必要的。另外，同样的树林地中，如果不希望因演替引起林床植被的茂盛生长或树林的密度变大，以停止演替为目的的树木的间苗、灌木的伐除及清杂等管理是不可欠缺的。

　　这种关于造园的植物管理，充分理解植物或植物群落遵循自然规律向它们的终极形态变化演替的过程，并有效施行是很重要的。

浅间山正下方原生演替的情景。现在也在向上喷烟的横跨群马县与长野县的浅间山山顶附近，从没有植被的火山口到山腰，可以明显看到逐渐向落叶松林发展的初生演替过程

演替在山下平原进一步进行，日本赤竹形成覆盖，威氏冷杉、台湾冷杉正在成长（2010 年）

国营 Hitachi 海滨公园 让植被的演替逆行，重现海滨沙丘的风景

国营 Hitachi 海滨公园的临海区域，因久慈川流下的沙子以与从鹿岛滩而来的强劲海风共同作用，在广大的海滨沙丘上广布过优美的海滨植物群落，但因邻近地区的港湾建设以及海洋一侧的道路建设停止了沙子的移动，使其环境内陆化，从而急速地向松林演替，可以预想特征性的海滨植被与景观就要消失了。为了防止这些的发生，以松和白茅为中心进行伐除、挖根等使演替退行，作为重现沙丘环境的成果，海滨沙丘特有的景观和稀少的海滨植被得以保护和恢复。

向松树林的演替进行，海滨植被衰退海滨沙丘的景观开始丧失（2003 年）

除去急速树林化进程的松及白茅，用腐殖质少的下层沙子覆盖地表（2004 年）

让演替退行，重现了原有海滨沙丘的环境和风景

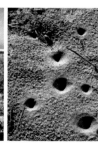

海滨沙丘的代表性植被筛草群落　　装点夏季的单叶蔓荆　　潜伏着蚁蛉幼虫蚁狮的洞穴

有生物多样性意识的管理是以顺应型管理为原则

如果预先决定一年里割草、修剪等植物管理项目与次数，施行按照日历去处理的做法是确定型管理，那么随着草、树生长状况施行与之相对应的适宜的割草、修剪等管理的手法称为顺应型管理。生存着的植物的变化以及随之的野生动物的反应，就像气象条件每时每刻都在变化一样无妨事先想定。因此，与造园相关的一切绿化管理也应进行顺应型管理。但是，公园、绿地、道路绿化等公共事业，或是需要大额植物的管理费的苗圃、庭园、高尔夫球场等民间设施，因必须预先确定该年度的管理项目、工程量与时间表等预算内容，施行事先无法确定工程量、时间表的顺应型管理是不现实的。解决办法是，根据管理对象的绿化性质，分别使用确定型管理和顺应性管理。

如果从生态的角度来看大致区分管理对象的绿化的性质，我们日常常见并使用的公园、园地、道路绿化的树木、灌木、绿篱、草坪、花坛等构成的单纯的绿化，这些植物的管理项目也是像树木修剪、灌木整形、打草、除草、病虫害防治、花坛的更替种植等，是可以单纯地对应一项操作，也称之为单纯系（simple reaction）绿化。与此相对，以自然度高的植被保护及以其营造为目标的自然地、野生动物生息地的保护及营造为目的的绿化，以多样的自然组合而成的生态环境为目标的绿化等的管理，对于一项操作动植物的反应复杂，是无法事先想定的复杂系（multi-reaction）绿化。这样一来，对于复杂系绿化施行顺应型管理，以确定型管理对应单纯系绿化基本上不会引起什么大的问题。

然而实际的绿化的性质并不能分为单纯、复杂的两个极端，很多时候都是中间性的绿化。为与这种现状相配合，如果采用将两者好的方面进行组合的方式就会比较合适。首先，预先对管理的内容以确定型管理进行预算，而后在现场施行预算范围内的顺应型管理。不过采用这种方式，没有能在现场把握时时变化的动植物的情况，在预算内取得平衡，对管理内容变更做决定的人才是无法施行的。

在欧美的主要园地中，有经常检查栽植地是否与目标景观相悖称为评议员[1]的专业人员，相当于日本的庭园师的设计师根据他的指示则施行具体的操作，以这样的管理方式组合进行。在以绿化和花朵的美丽而闻名的美国迪士尼乐园，据说是由专属管理机构的负责人与园艺师一起在现场一边巡视，一边进行目标确认及关于其具体化的调整，这样的现场巡视[2]被有计划地施行。最近这样工作的效果在日本也逐渐被认识到，已经开始应用在大规模的，多样的栽植地构成的庭园、公园和限定主题的主题公园等，要求有合适的费用效果比的设施工程中，但因在日本没有相当于评议员的专业人员，一般情况下由设计者担任这一工作。

这样的结构，如下图所示，①首先受理从建设者委托的设计者，以监理的名义发挥评议员的作用，关于管理内容及费用事先签订协议，在进行了内容的调整后，建设者向管理者（施工者）委托管理业务；②根据管理者制订的管理计划书，建设者与监理者（设计者）及实际进行操作的管理者（施工者）三者一起进行现场巡视，受理建设者意向的监理者（设计者），对管理者（施工者）传达目标并确认管理内容；③执行这样的手续在现场反映出来的具体成果，在下一次的现场巡视及调整会上进行确认这样的程序，根据需要重复持续施行。

如上所述，管理对象是生物的前提下，尽可能以能发挥出顺应型管理的优点的体系来进行是十分重要的。

管理阶段的现场巡视，对过度繁茂的树木、开始衰退的草本类的加强、新下层草本的导入，病害虫害的预防等进行定期检查，制定具体处理办法。

[1] 评议员（curator）—评议员，说的是管理者或园长等，而在造园上，具有对庭园或园地全体综合监理责任人的意思。在欧美的著名庭园或园地等处，为贯彻设计意图向下持续，设置在造园及植物上具有很深的造诣和很多经验的专属的评议员的地方很多。

[2] 现场巡视（walk through）—建筑或造园的现场巡视，是为了确认施工的进程方向及内容是否在按设计意图向下进行，并进行调整而施行的站立现场会，特别是使用生物的造园上，在施工阶段的建设者、设计者和施工者等一起进行的现场巡视，在管理阶段的同样的站立会议具有重要意义。

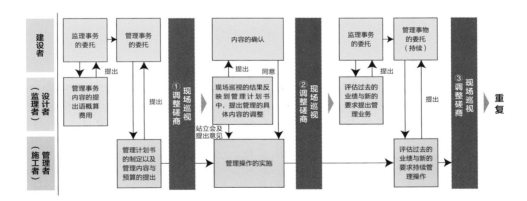

引入监理的顺应型管理的流程图

间苗焕发过密树群的活力

　　高温多湿的日本，是具有把长到 7 ~ 8m 高的麻栎、枹栎从根茎部分砍伐后，也能在十几年时间里恢复为原有树林的地力的国度。栽植树木也同样，最初虽然比较赢弱，历经十年也会成长为亭亭如盖的大树。反而是在公园、居住区会由于树木过度繁茂使需要阳光的草坪、草花衰退，树下产生裸露地面等，在景观方面、使用方面发生问题。

　　然而，短期过密化的树群，如果进行间苗，并经历恢复需要的一定时间，也能重新恢复成设定密度的树群。它的要点按照这样的步骤进行：①想定适合一棵棵树木体量的空间，为不使它们发生相互竞争对多余的树木进行间苗；②对因过密化引起相对树高树冠变窄，枝下高变高的树木，通过截干、疏枝等修剪再生为均衡的树形；③结合开放的林床空间环境自行恢复灌木及下层草本，或使其复原。

实例　大宫公园的樱花　说明砍伐曾经种植的树木的理由是第一步

　　为了庞大的树群无论在生理上还是景观上都取得必要的空间，不单是个别的树木，而是要保持住树群全体的美观与健康就会成为要点。

　　埼玉县大宫公园樱花中混生着松树的树群，是入选了日本樱花百选的知名场所，但因日本樱花的过密化，树群全体呈现衰弱化的倾向。因此，决定通过有计划地间苗以确保一棵棵树木周边的空间，提高树群全体的活性化，使日本樱花与赤松混生的特征性风景明显化。具体的做法：①去除衰弱的个体；②间苗以突出松树的干、梢为目的进行；③间苗的程度，根据有学识经验者的委员会的总结，把 1 棵樱花健康生长需要的面积为 250m² 这数值记在心上，在现场进行了确认、调整。这样做的成果，是当初 250m² 有 3.0 棵的樱花间苗成 1.7 棵，重新恢复到樱花与松树相映成趣的风景。

间苗前（2005 年 11 月）

间苗后（2006 年 3 月）

左：即使是晴朗的天气天空也被遮挡，林床昏暗，赤松的姿态被樱花的枝干埋没遮挡

右：衰弱树木与过密的樱花被去除天空变得开阔，樱花的树梢挺拔向天空，林床也变得明亮，在赏花时期以外使用者也增加了

树形再生前（2005 年 11 月）。下枝已经枯萎的过密树林与土层裸露的树下的风景

刚刚进行树形再生后（2006 年 5 月）。留存的树木保留主枝进行了截干，当年春季生出了众多的小枝

约 3 年后（2008 年 5 月），多数的小树盛开花朵，在树下草本类也得到恢复

以割显补苗的手法突出植物景观

　　杂乱的庭园绿化经庭园师打理后变得认不出原样般的美丽。这是因为确实看透了在那里生长着的植物哪些需要，哪些不需要，只保留了必要的植物，去除了不必要的植物。

　　割显与补苗，是为了植物景观持续管理下去的基本性操作。割显，是为了突显构成风景主体的树木、脚边的灌木或草本，割除与之竞争的植物，整理碍事的枝叶，通过刈割突显出作为主景的植物，突出它魅力的操作。而补苗，是为了给割显出的风景增加更多的情趣，进一步增加新的植物的操作。

　　庭园或公园的栽植地随着时间的推移，密度增加，变得杂乱无章。为使其保持持续优美的状态，依次更新植物的操作是不可避免的。这个时候，割显与补苗的一系列手法就会产生作用。把这样的技能经历悠久岁月传承下来的是题本的庭园师，但这样的手法并不限于庭院及公园，甚至像里山或自然的名胜地这样，对于一切要施加一定人为操作突出植物景观的绿化的管理都可以适用。

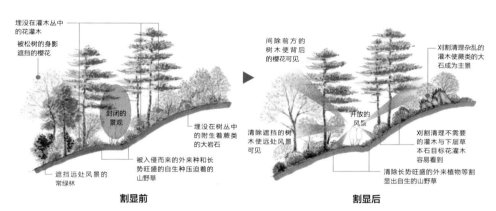

使用割显手法的自然地沿路的景观修整

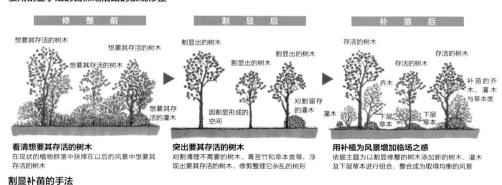

割显补苗的手法

看清想要其存活的树木
在现状的植物群落中抉择在以后的风景中想要其存活的树木

突出要其存活的树木
刈割清理不需要的树木、青苦竹和草本类等，浮现出要其存活的树木，修剪整理它杂乱的树形

用补植为风景增加临场之感
依据主题为以割显修整的树木添加新的树木、灌木及下层草本进行组合，整合成为取得均衡的风景

管理分 3 阶段来考虑

　　断根后从别的土地移植来的植物适应环境，向下扎根，直到像原来一样舒展枝叶是需要一定的年月的。这个期间因植物的种类与规格、种植地的环境及植物的适应性等不尽相同，大乔木的成年树要 5 ~ 7 年，中乔木要 3 ~ 4 年，灌木类要 2 年左右，就算是草本类也需要一整年的时间。栽植的树木直到取得形成设定的姿态的管理，有①养生管理，②育成管理，③抑制管理共 3 个阶段。

　　养生管理，是养护栽植时被断根，被栽植在不同环境的土地上，还不能独立的植物的管理。这个期间，是对于在栽植初期遭遇到的强风、干燥、低温、营养不足等压力，要做防风支柱、树干缠草、防寒网、保温及防寒的覆盖，浇水、施肥、除草等工作，恢复其能够自立能力的康复期间。

　　育成管理，是养生期结束，在新土地上已经扎根的植物，开始独立后的管理。在栽植时点的植物，对于作为将来目标的植物的树形来说，处于既不能满足尺寸又不能满足品质的状况。为表现出植物体固有的姿态边进行健全的养护边进行树形引导的管理，是从树高、枝展、枝叶密度开始增加的这个阶段开始施行。在这个时点，要决定将来是要它自然地生枝展叶生长下去，还是到了一定的体量就要进行抑制。如果以自然的树形为目标就这样持续进行育成管理。

　　抑制管理，是从植物达到目标的高度、枝展及绿量的时间点开始的管理。它是对一株株植物，通过枝叶的修剪、整形等保持一定的大小和绿量的同时，增加整体的风景情趣的管理，要考虑增加花与果实的量及美观性，与树干粗度保持平衡进行树枝整形，让邻近的树木自然搭配等等各个要点。下面的照片，显示了关于栽植后的梅花 3 阶段管理的状况。

①养生管理阶段

对树干也细，树枝数也很少，刚刚栽下的小树，为增加绿量施肥、浇水不可或缺，以养生为最优先进行

②育成管理阶段

适应了土地，枝叶的量正在增加，但为了更进一步培育成具有粗粗的树干和较大枝展的树体，要保留较多的枝干继续培育

③抑制管理阶段

树形的骨架齐整后，为了进一步增加它淡泊的韵味，通过修剪梳理了树形

①养生管理

施行安装支柱、浇水、树干缠草、除草等工作，促进早期发根，使其独立养生时间成年树的大乔木类大约 5～7 年，灌木类 2 年左右为标准

②育成管理

在树根扩展，枝叶稳定的时点取掉支柱，决定这个时点以后是尽早向抑制管理推进还是保持自然树形继续育成

③抑制管理

与作为目标的空间相配合，持续保持该树种具有的特征，通过修剪、整形保持树木整体紧凑均衡的树形

③抑制管理

判断是要自然树形还是抑制管理

从抑制管理到自然树形的转换在什么时点决定都可以

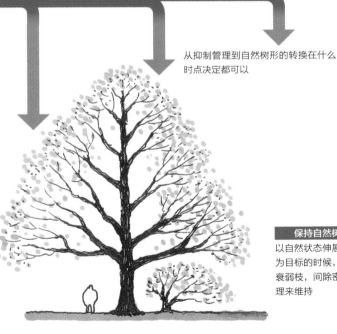

保持自然树形继续育成

以自然状态伸展树枝的自然树形为目标的时候，通过去除枯枝与衰弱枝，间除密生枝等轻度的管理来维持

①养生管理

②育成管理

保持自然树形继续育成

传承传统的修剪技术

说起修剪，即剪断枝条使之与初期目的相吻合整理树形的操作，对于果树等是为了让果实在树体上均衡分布，让收获容易、果实品质平均化的措施。在庭园的方面，是为了考量庭院整体不失去平衡，提高美观程度而施行的。

树木保持自然状态生长，随树龄增加，变得巨大，树木具有的个性就表现得更加充分。但是在有限空间的庭园中观赏大乔木，定期的整治、修剪不可欠缺，它的高下左右了树木的景观价值。修剪与简单地砍伐枝条不同之处在于，修剪是以树木的活力不衰弱为前提，弄清枝叶切除的时期，对修剪的位置和量酌情增减进行。它的步骤，是一边在头脑中描绘着修剪后的树形和恢复后的树形，一边在树木负担小的适宜部位不让切口过分损伤，用锋利的枝剪减掉枝条。这种操作中不使用减掉、切掉这样的语言，而是使用卸、夹、放、透、摘、拔、填、去等表现，这是因为修剪是为了让树发挥景观价值。

日本的庭园，是靠在狭窄的空间中不破坏自然树形的特征紧凑地培育的修剪技术可持续地维持而来的。在日本独特的修剪技术确立的背景中，受把风景全体靠缩景凝缩表现这种日本人的庭园建造的思考方式影响比较大。

日本高超的修剪技术，此后因苗木从业人员及庭园师在行道树、城市公园及个人庭园的修建中也继续得到传承，但因随着使用机械类有效率的管理为前提的公园、绿地的增大，树木的修剪也必须以支付人工的生产量方式对应才能完成，重视效率的承担方式成了主流。这样做的结果，就是每棵树的修建费用减少了，但无法否认这伴随着修剪技术的降低，导致现在继承日本传统修剪的工匠急剧减少。

不需要再说管理是门艺术这样的话了，就这样下去，可以明确预见到靠庭园师高超的修剪技术得以维持的传统日本庭园也会随着时间流逝价值降低。笔者痛感到致力于对修剪技术的继承极其重要，刻不容缓。

松树的起旋，施行在新芽长出的 5～6 月中摘掉芽尖的"摘绿"，与生长停止的 10～1 月中减少新芽数目除去老叶的被叫做"起旋"的修剪（11 月，京都）

常绿树的小透，对叶子密生变得阴郁的常绿树红楠，通过像后面的建筑物可以看到那样，对枝端的小枝细致地修剪透通被称作"小透"的修剪，保持着清爽的树木姿态（6 月，千叶）

生态艺术的堆肥场生物巢穴
（bio-nest）

迎接环境时代自然环境的保护及生物多样性已经成为世界的趋势。但是另一方面，野生动物的栖息地杂木林、坡面绿地以及公园等，缺乏人为管理变得阴郁而单调的场所不在少数。面对这样的情况，人们已经开始认识到间伐和下层刈割的重要性了，但将这些具体化的问题，是因下层刈割和间伐没有充足的费用所产生的。特别是其中砍伐木和下层刈割的残渣的堆积和搬出很费事，而进一步将之向外部搬运、废弃，费用会是砍伐的2倍左右，因而虎头蛇尾，半途而废的例子很多。

生物巢穴（bio-nest），是在这种情况下把放置着的树林地的间伐作业或下层刈割产生的砍伐木或刈割残渣在那个场地再次利用的，与自然风景没有违和感的堆肥场。Bio源自希腊语bios，是生命体的意思，nest指鸟类或昆虫的巢穴。这个堆肥场以"生物巢穴"来命名，是因为把树木的干、枝及叶摆放的圆环形比作鸟的巢穴，它对于植物、鸟及昆虫等生物的生长及繁殖来说，具有很多益处。

生物巢穴的设置中，具有众多优点：①砍伐木的干、枝自不必说，落叶、下层刈割的残渣以及拔下的杂草等在原地即可处置；②正合适成为独角仙、墨绿彩丽金龟幼虫的巢穴，提高了树林生态系的多样性；③持续地接收继时性树林地管理中产生的间苗树木及修剪枝叶等；④漂亮地搭建起来的生物巢穴具有作为自然地纪念碑的价值；⑤通过男女老少都参加的协作劳动，使大家理解绿化管理的乐趣和重要性；⑥不需要的时候就原样放着也会自然地返回土壤中。

设置的步骤

①确认对象树林地整体的情况；②假定砍伐木或下层刈割残渣发生的量，设定生物巢穴大致的位置和个数；③决定对景观性也有效果的位置，在中心竖立起标记的木棒；④确定圆的大小，从中心开始沿同心圆状把砍伐的干、枝按枝端总是向着一个方向搭建；⑤必须用粗的干搭建下部，从下向上依次使用细的树枝；⑥搭建高度大概60cm左右顶部必须搭得水平；⑦作为最后的工序把超出生命巢穴的树枝在可见一侧修剪整齐；⑧没有组建到生命巢穴中的树桩、细小的额枝叶、周边的枯枝败叶、杂草及割草的残渣等在巢穴内部向高处堆积；⑨最后把周边清扫干净。

落叶堆被风吹得的四零八落，用围板做的堆肥场不够雅致很是难看。如果可能把它做成一个点景可以说是一石二鸟。以樱花而闻名的这个公园中，间伐下的干及大树枝、小树枝都巧妙的使用，在不碍事的位置设置了美观的生物巢穴（埼玉·大宫公园）

庭园师的技术提高了风景的价值

　　对于被称为名园的庭园而言，优秀的工匠们不可或缺的，工匠们精巧的技术遍布整个庭园，把庭园提高到艺术品的领域，感动世人。以大名庭园为代表的传统日本庭园中，构成骨架的假山、庭荫树、池泉、游览路、亭榭等自然如此，在庭园中附属的园门、园墙、挡墙、篱笆之外，与树木组装在一起的支柱、防寒、防雪的养护设施等等到处都是，在其设计中都反映了日本人特有的审美意识和感性。

　　日本的城市，是由公园、行道树等公共绿化构成的骨架，因此从这项传统技术在这些风景营造中反映出来的情况来看，可以确切地说适合观光立国的日本特有的城市景观被营建而来的。但是现实中，我们使用的公共绿化中，找到作为庭园师技术的成果，能打动人心的风景是极端困难的状况。这项技术的复兴只能是众多的使用者认识到它的价值，但在之间起到纽带作用的是与造园相关的各项工作。它与项目或对象的大小没有关系，需要我们将与以专业的技术为追求的技术人员的通力协作放在心上，顺其自然地磨炼技术，传承技术。

矢来是防止野兽或他人入侵的临时围挡，照片中是有意识地加强观赏效果上以独特的创意在庭园内建造了竹制的矢来（京都）

防止人的入侵和视线的竹穗的门垜围墙如果由庭园师搭建的话就成为风景的主角（京都）

为避免因积雪使树干折断而竖起支柱，从支柱顶端拉起的伞状棕绳（松树保护伞）也成为冬季庭园的主景观

常绿性叶尖容易受到霜害的苏铁，因为用稻草卷防寒在冬季也发挥了主景树的作用

在采石场等场合废弃处理的跟土砂混在一起的碎石，景庭园师加工，就成了富有情趣的庭园小路

营造永远在路上

　　庭园或公园建造,是在原来的土地上施以人工作为新的空间进行的改建(renewal)。但是庭园的施工虽然在那时刻完成了,栽植刚完成后的植物还没有适应那片土地,而植物向成熟发展,就全靠栽植后开始的管理了。栽植,其完成的时间点就是向目标景观前进的开始,在那之后的管理顺序中,也会变好,也会变坏。这就是所谓的"管理是艺术"(Maintenance is Art)的理由。

　　在以上的过程中,新栽植的植物中有向着目标顺利成长的个体,有树体恢复很费事的个体,或者也会出现衰弱甚至枯死的个体。这样的结果不论在哪个庭园或是公园中,变成原来就有的成熟植物与新近种植的植物混在一起的状态都是一般的情况,在那里会成为养生期中的个体,生长阶段的个体,处于成熟期的个体,或者还有衰老或衰弱的个体等共存的状态(参考下页)。

　　如此所有的庭园或公园的绿化,在其中生长着的全部的植物,会因与时间及环境等的关系总是处于变化状态,因此全都发展为目标状态是不现实的。这就是庭园建造是不会完成的理由。

　　这些在庭园或公园的栽植设计图的完成预想图的表现中也有所反映。在同样的用地中与造园合作的建筑或土木的时候,把施工完成的时点作为完成图来表现,而进行造园栽植设计的时候,因刚移植的植物与生长后所期待的树木姿态有很大的差异的原因,用栽植完成后经过一定的时间后植物大致与目标树木姿态接近的时间点的样子表现的比较多。

代表里山的杂木林,是为了收获木柴或木炭每15年左右重复从根茎部砍伐、更新,这时会持续五节芒草地→萌芽灌木林→树林的变化,不会停滞。这成为里山景观的魅力(萌芽植株)

无论景观上、心情上还是历史上在该场地都必须要有的古树或大树,最后每棵都会枯死,但树桩会留存,在它的旁边补种同样树种的苗木以继续时间进程的手法,是造园栽植的定式手法之一(京都,寺庙门前的黑松)

具有历史的庭园或公园等地,预见到古树的衰退,事先在它的旁边种植同种的青年树,看着古树的状况斟酌着时间用青年树来替换,以此传承历史的变迁(石川·兼六园的樱花)

庭园或公园整治前的情况

因庭园或公园以外的目的引种而来的绿化

▼

既存树林　　　　　　　　既存树林　　　　　　既存树林

整治前的地形与植物群落

▼

庭园或公园刚刚整治后的情况

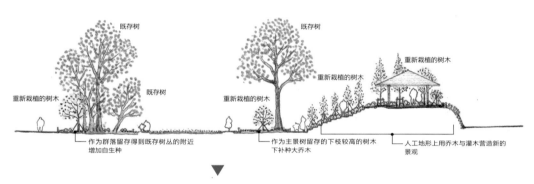

既存树　　　　　　　　　　既存树　　　　　重新栽植的树木

重新栽植的树木　　　既存树　　　　　　　重新栽植的树木

重新栽植的树木

作为群落留得到既存树丛的附近　　作为主景树留存的下枝较高的树木　　人工地形上用乔木与灌木营造新的
增加自生种　　　　　　　　　　　　下补种大乔木　　　　　　　　　　　景观

▼

作为公园管理的持续

经过一定时间后的情况

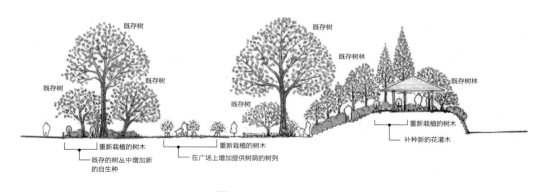

既存树　　　　　　　　　既存树　　　　　既存树林

既存树　　　　　既存树　　既存树　　　　　　　既存树林

重新栽植的树木

重新栽植的树木　　　重新栽植的树木　　补种新的花灌木

既存的树丛中增加新　　　在广场上增加提供树荫的树列
的自生种

▼

向着庭园或公园的目标，根据不同的情况持续砍
伐、移植或是补植等。庭园建造不会完成。

结束语

　　本书的出版得到了很多人的帮助。首先，曾经担任我公司顾问，提案了本书的出版，而在对具体的结构指导中于 2009 年夏天不幸逝世的齐藤一雄先生，我只能遗憾地在他的灵前向他汇报了。还有这本书，如果没有从 1973 年成立公司以来入职我公司、与我共同经历各种各样的项目，前后 97 名的公司职员以及与爱植物设计事务所的工作提供帮助的众多人士的帮助，是无法完成的。我对这些人员表示感谢。还有，向差不多 2 年的时间里尽力帮助我充实本书的彰国社的富重隆昭先生与藤田英介先生表示深深的感谢。最后，对 30 年里一起生活、在对出版满心期待中于 2 年半前去了另一个世界的妻子美代发自心底地说一声"谢谢"。

　　如同造园栽植没有终点一样，我本身也希望以本书的出版为契机，增加与更多的人进一步会面和畅谈的机会，检验、深化本书的内容，希望能在今后广泛的项目中发挥作用。

关于用语的说明

　　原则上，植物名称都是用片假名进行表示，没有标准日本名的，也是用片假名对常见通用的称呼名进行了表示，而引用的部分则就是依照原文的状态进行了表示。

　　关于乡土种和外来种的表述，由于和来自人们常用的《广辞苑》、《大辞林》、《不列颠国际大百科辞典》等以及和绿化、自然环境保护等相关的专业书中的定义有不同含义的原因，本书将"乡土植物"和"外来植物"进行了统一的表述。另外，关于"改良种"的表述，就是原有的"改良种"。理由如下：

　　"乡土种"在《广辞苑》中是这样定义的："地方种：某地区天然分布的或已引种多年且适应当地自然条件的动植物种类"。日本绿化工学会在《环境绿化的事典》中则定义为"地区中自然分布的种类"。为避免混乱，植物在没有受到人类保护、在一定区域内自生自灭的情况定义为"自生"，而在《大辞林》中定义的"乡土"一词含义的基础上，产生了"乡土植物"一词。

　　"外来种"在《大辞林》中定义为"从原产地因偶然或有意引入到新地区并定植的生物种"，和"乡土种"成为相对词语，综合表现为"外来植物"。"改良种"在《大辞林》中的定位为"通过品种改良等方式，育成的农作物和家畜品种"。相对词语为"原种"已经有了明确的定义，所以"改良种"就是意味着人为进行了品种改良的种类。

本书介绍事例数据

大藏绿地（pp.24-25）
所在地：东京都世田谷区
业主：世田谷区
造园设计、监理：爱植物设计事务所
（1990-1992年）
植被区系：山茶花区系的内陆丘陵地段

相关出版杂志：BIO City No.40
题目：发挥日本的风土的"生物"景观
执笔者：山本纪久，齐藤一雄
出版时间：2008年

朝日啤酒茨城工厂示范花园造园设计（pp.25）
所在地：茨城县守谷市
业主：朝日啤酒株式会社
造园规划、设计、监理：爱植物设计事务所（1990-1991年）
施工：住友林业绿化（1991-1992年）
规模：约9.0公顷
植被区系：山茶花区系的内陆低地

相关出版杂志：造园作品选集1996 No.3
题目：朝日啤酒茨城工厂造园
执笔者：山本纪久，藤田泰介，蕉木孝等
出版单位：日本造园学会
出版时间：1996年

生命之丘（pp.33-35）
所在地：冲绳县石川市
业主：农业组合法人堂之岛洋兰中心
造园设计、监理：多胡规划/田濑理夫，
爱植物设计事务所（1992-1998年）
开园时间：1998年
植被区系：亚热带山茶花区系的丘陵地段

相关出版杂志：造景
题目：心自然系统的建造尝试
执笔者：山本纪久，田濑理夫，今井隆
出版单位：建筑资料研究社
出版时间：1996年

根川绿道（pp.36-37）
所在地：东京都立川市
业主：立川市
造园设计、监理：爱植物设计事务所
（1992-1995年）
植被区系：山茶花区系的内陆河边

相关出版杂志：造园作品选集1996 No.3
题目：根川绿道（A区）
执笔者：山本纪久，藤田泰介，中田研童等

出版单位：日本造园学会
出版时间：1996年

都立水元公园（水产试验场遗址p.38）
所在地：东京都葛试区
业主：东京都
造园规划、基础、实施设计及管理运营
规划、实施：爱植物设计事务所（1997年至今）
施工：富士植木等（2000-2006年）
规模：约10公顷
植被区系：山茶花区系的内陆低湿地

相关出版杂志：CLA journal No.165
题目：身边的水边自然环境的保全·创造水元公园水产试验场遗址
执笔者：山本纪久，赵贤一，藤田泰介等
出版单位：景观顾问协会
出版时间：2007年

国营Hitachi海滨公园（海岸沙丘植被的保全再生，p.68照片，pp.68-69绘图，p.183）
所在地：茨城县Hitachinaka市（常陆那珂市）
业主：国土交通省/公园绿地管理财团
调查、设计、监理：爱植物设计事务所
（2003-2005年）
施工：水庭农园（2004-2006年）
规模：约16公顷
植被区系：山茶花区系的海岸沙丘地

浦安象征之路造园设计（p.75照片）
所在地：千叶县浦安市
业主：浦安市
环境调查、基本规划、基本设计、实施
设计、监理：爱植物设计事务所（1986-1989年）
硬质景观设计：Paku设计
施工：东洋造园土木，京成玫瑰园艺，
Nozawa（1987-1991年）
规模：宽80m，长900m
植被区系：山茶花区系的海岸填埋地

相关出版杂志：造园作品选集2010 No.10
题目：浦安象征之路
执笔者：山本纪久，赵贤一，藤田泰介等
出版单位：日本造园学会
出版时间：2010年

志木Garden Hills（p.89照片，p.99）
所在地：东京都杉井区
业主：三井不动产住宅，三菱地所
自然环境、植物资源调查：爱植物设计事务所
造园规划、基本设计、主编：爱植物设计事务所（2002-2005年）
施工：鹿岛建设，腾造园建设（2003-2005年）
规模：1.5公顷（用地）
植被区系：山茶花区系的内陆台地

园林城市滨田山栽植设计（p.99）
所在地：东京都杉井区
业主：三井不动产住宅
自然环境、植物资源调查：爱植物设计事务所
造园规划、基本设计、主编：爱植物设计事务所（2004-2011年）
中庭设计：丹·皮尔森（Dan Pearson，英国）
硬质景观设计：光井纯&Asoshietsu建筑设计事务所
施工：鹿岛建设，腾造园建设（2005-2006年）
规模：8.4公顷
植被区系：山茶花区系的内陆台地及阶地崖

相关出版杂志：造园技术报告集2009 No.5
题目：以"步行穿过（walk through）"进行植物栽植管理
执笔者：山野秀规，山本纪久，赵贤一等
出版单位：日本造园学会
出版时间：2009年

相关出版杂志：造园技术报告集2011 No.6
题目：以造园设计为"轴"的景观设计——以园林城市滨田山的实践为例
执笔者：山野秀规，佐藤力，桥本惠等
出版单位：日本造园学会
出版时间：2011年

名护市街道树栽植设计（p.105照片）
所在地：冲绳县名护市
业主：名护市役所
造园设计、监理：爱植物设计事务所
（1982年）

横滨国际竞技场栽植设计（p.106左上照片）
所在地：神奈川县横滨市
业主：横滨市
规划、设计、监理：爱植物设计事务所

（1995-1997 年）

施工：生驹植木，相武造园土木（1997 年）

规模：3.7 公顷

保谷站北口自行车停车场

屋顶公园设计（p.106 右下照片）

所在地：东京都西东京市（旧保谷市）

业主：西东京市

规划、设计：爱植物设计事务所（1999 年）

规模：0.4 公顷

六本木新城屋顶庭园（p.106 左下照片）

所在地：东京都港区六本木

业主：六本木六丁目地区市街地再开发组合·森大厦

设计主编：CONRAN&PARTNERS+DAN PEARSON

栽植设计、监理：爱植物设计事务所（1999 -2003 年）

施工：日比谷 Amenisu Ibidengurindeku（2002-2003 年）

汐留 B 街区栽植设计

（p.107 中右照片，p.185）

所在地：东京都港区

业主：三井不动产，Arudani inbesutomerto、松下电工

栽植规划、设计、监理：爱植物设计事务所（1998 -1999 年）

施工：Ibidengurindeku（1999 年）

规模：1.9 公顷

八景岛海洋乐园（p.111）

所在地：神奈川县横滨市

业主：横滨市 /Qrobarusebun

设计、监理：爱植物设计事务所（1990 -1993 年）

施工：西武造园等（1990-1993 年）

植被区系：山茶花区系的海岸填埋地

冲绳县综合运功公园（国体会场）

栽植设计（pp.112-113）

业主：冲绳县 / 国建

所在地：冲绳县冲绳市

栽植设计、监理：爱植物设计事务所（1983 年）

硬质景观：爱造园设计事务所

施工：冲绳县造园建设业协会（1986-1987 年）

规模：约 70 公顷

植被区系：亚热带山茶花区系的海岸填埋地

相关出版杂志：新世代的景观技术

题目：重现日本的风景

执笔者：山本纪久

出版单位：Marumo 出版

出版时间：1996 年

冲绳县综合运功公园外围树林管理

（pp.112-113）

业主：冲绳县中部土木事务所

所在地：冲绳县冲绳市

调查、管理规划：爱植物设计事务所（1989-1990 年）

植被区系：亚热带山茶花区系的海岸填埋地

看护老人福祉设施朝日苑

（pp.115-117）

所在地：爱媛县宇和岛市

业主：社会福祉法人爱心会

建筑设计：Kosumosu 设计 / 茂木聪

造园规划、设计、监理：爱植物设计事务所（2005-2006 年）

施工：双叶造园，橘造园（2006 年）

规模：1.2 公顷

植被区系：山茶花区系的低地临海区域

兰之乡堂岛

（pp.118-119，p.124 照片，p.125 下照片）

所在地：静冈县加茂郡西伊豆町

业主：农业组合法人堂岛洋兰中心

植被调查、造园设计、监理：Purandago/ 田濑理夫，爱植物设计事务所（1986-1988 年）

建筑、温室：村本建设·日本绿屋工业

造园施工：爱树园（1989-1991 年）

开园时间：1992 年 1 月 1 日

规模：5.45 年

植被区系：山茶花区系的山地临海区域

山本住宅庭园

（pp.120-121，p.126 右照片）

所在地：千叶县千叶市

业主：山本纪久

造园设计、施工、监理、管理：山本纪久（1967 年至今）

规模：0.02 公顷

植被区系：山茶花区系的内陆台地

神代植物公园园路广场设计

（p.125 上照片）

所在地：东京都调布市

业主：东京都

调查、规划、设计：爱植物设计事务所（2005-2009 年）

规模：48 公顷

Aresu 青谷（Daikin 工业全球化研修设施，p.172 中照片，pp.174-175）

所在地：鸟取县鸟取市

业主：Daikin 工业

环境调查、造园设计、监理及栽植管理的主编：爱植物设计事务所（1983 年）

造园施工、栽植管理：内山绿地建设，大山绿地（2007 年至今）

规模：约 5.4 公顷

植被区系：亚热带山茶花区系的海岸沙丘地

相关出版杂志：造园技术报告集 2009 No.5

题目：海岸沙丘地的企业研修设施周边的修景技术——以植被管理为中心

执笔者：赵贤一，佐藤力，山野秀规等

出版单位：日本造园学会

出版时间：2009 年

冲绳县绿化树木的修剪调查

（p.172 右照片）

所在地：冲绳县

业主：财团法人海岸博览会纪念公园管理财团

调查、规划：爱植物设计事务所（2010-2012 年）

芝浦岛（p.176）

所在地：东京都港区

业主：东京都，港区，UR 都市机构，三井不动产等

栽植设计指导方针制作：爱植物设计事务所（2003-2006 年）

施工：鹿岛建设，桂造园等（2005-2006 年）

规模：约 6 公顷

植被区系：山茶花区系的海岸填埋地

杉井区柏之宫公园（p.178）

所在地：东京都杉井区

业主：杉井区

造园规划、设计：爱植物设计事务所（2000-2002 年）

施工：箱根植木，东武绿地建设 JV（2002 -2004 年）

规模：1.3 公顷

植被区系：亚热带山茶花区系的内陆台地及阶地崖

相关出版杂志：造园技术报告集 2005 No.3

题目：以关于居民参加型公园建造的自生植被保全·活用为目的的调整技术——关于东京都杉井区的实例

执笔者：福留晴子，石塚美咏，藤田泰介等

出版单位：日本造园学会

出版时间：2005 年

大宫公园的樱花（p.186，p.191 照片）

所在地：埼玉县埼玉市

业主：埼玉县

调查、规划、设计：爱植物设计事务所（2005 年 -）

规模：5.1 公顷

植被区系：山茶花区系的内陆台地

参考文献

斉藤一雄『環境システムの計画—接点空間をさぐる』（斉藤一雄先生退官記念事業会、1985）
生物学御研究所編『皇居の植物』（保育社、1989）
重森三玲『茶室茶庭事典』（誠文堂新光社、1973）
宮脇昭、奥田重俊、井上香世子「明治神宮宮域林の植物社会学的研究」『明治神宮域内総合調査報告書』（別刷、1980、pp.269-333）
日本カラーデザイン研究所『カラー・イメージ事典』（講談社、1983）
今永清二郎『日本の文様』（小学館、1986）
Millennium Ecosystem Assessment 編『生態系サービスと人類の未来』（オーム社、2007）
岩槻邦男『日本の野生植物　シダ』（平凡社、1992）
山本紀久、野田坂伸也『樹木アートブック』（アボック社、1990）
沼田真編『生態学辞典』（築地書館、1974）
東京農業大学造園科学科編『造園用語辞典 第三版』（彰国社、2011）
中村恒雄『ツバキとサザンカ』（誠文堂新光社、1965）
室井綽『NHK 趣味の園芸・作業 12 か月（16）タケ・ササ』（日本放送出版協会、1977）
上原敬二『樹木大図説』（有明書房、1959-61）
上原敬二『樹木の植栽と配植』（加島書店、1962）
宮脇昭、他『原色現代科学大事典（3）植物』（学研、1967）
山本紀久『街路樹』（技報堂出版、1998）
上原敬二『樹木の移植と根廻』（加島書店、1961）
上原敬二『樹木の剪定と整姿』（加島書店、1963）
石田昇三、石田勝義、小島圭三、杉村光俊『日本産トンボ幼虫・成虫検索図説』（東海大学出版会、1988）
三澤勝衛『風土産業』（古今書院、1952）
趙賢一、佐藤力「海岸砂丘—国営ひたち海浜公園の砂丘の再生を事例に—」
亀山章、倉本宣、日置佳之編『自然再生：生態工学的アプローチ』（ソフトサイエンス社、2005）

图片提供

愛植物設計事務所　　　（p.38 下、p.175 下左）
石塚美詠　　（p.73 中）
板垣範彦　　（p.29 下右、p.38 上、p.106 下右、p.125 上右、p.186）
大場達之　　（p.51）
加藤貴子　　（p.185）
亀岡千寿　　（p.117 上右、中 3 点）
鬼頭慎一　　（p.117 上左）
佐藤力　　（p.183 上・中下）
田瀬理夫　　（p.33、p.106 上右）
玉井麻子　　（p.178 左上下）
當銘立男　　（p.172 右）
中井理左子　　（p.155 上右）
藤田泰介　　（p.99 上左）
三上常夫　　（p.139 下中）
森野敏彰　　（p.58 上右）
山野秀規　　（p.106 左上下、p.107 中右、p.110、p.138 上中右・下中、p.172 中、p.175 下左以外）
山本麻衣　　（p.199）
吉田昌弘　　（p.108 下右）
若林芳樹　　（p.139 下右、p.141 下左・下右）
渡辺攻　　（p.119、p.124 下左）

国土地理院　　（p.111 上左、p.176、p.178 右）
杉並区資料　　（p.178 中）
らんの里堂ヶ島資料　　（p.118 下）

※ 护封・封面・扉页、文前、书中未标出处的照片・图片，均由作者摄影、绘制

作者简介

山本纪久（Yamamoto Norihisa）

1940 年，生于栃木县。3 岁时在横滨遭遇空袭，被疏散到母亲的故乡——北海道。这成为在大自然中与虫子及植物游戏的幼年体验。在渡过战后混乱时期的东京荻窪度过小学时代，也是埋头于野外游玩，饲养能够捕捉到的一些生物。这种情况，一直延续到初中、高中时代。

2011年秋

1959 年，因有或许可以发挥自己的兴趣这样的想法考入东京农业大学造园学科。在这里师从上原敬二博士学习树木学，并通过在研究室的助手工作进一步扩展对植物的兴趣。业余的时间都花费在登山、植物摄影、潜水、在海边及河边钓鱼、海水及淡水生物的采集及饲养等与动植物的亲密接触上。

1963 年，就职于园艺界的老店——第一园艺造园部。1970 年，同公司的造园部作为东洋造园土木独立。在涉及主要以母公司三井不动产相关的个人庭园、别墅地、超高层建筑周边、工厂绿化、填埋地绿化等各种各样的项目中，从熟练的庭园师、技工、以传统的技术见长的造园施工会社、具有悠久历史的苗木生产会社的创办者学习现场的要点，得到各种各样的体验。

1973 年，带着对 1964 年东京奥运会以后的重视设施、轻视植物，偏重机械、回避手工作业的造园业界的方向性的疑问，从会社独立创办了造园设计事务所。社名也注入对植物的思考以"爱植物设计事务所"为社名。最初，植被调查以及公园设计等分包的工作比较多，从 1979 年被委托的东京迪士尼乐园的栽植设计（景观）以及监理业务开始，直接委托的工作开始多起来。在这个时期，时有与造园植物学的本间启先生、植物生态学的宫胁昭先生和大场达之先生的会谈，在对自身造园思考方法的确立上受到他们很大的影响。

1975 年，冲绳县糸满市的战迹慰灵地相接的摩文仁之丘公园的造园设计，是自 1972 年冲绳归日本管辖后实质开展的绿化土地飞速发展的项目之一。以这项工作为契机，在冲绳的工作增加，特别是 1987 年，近半年的时间都在冲绳最大的建筑设计事务所国建的吉川清身边工作了。在那里参与的众多项目，都是与从学生时代开始公私两面都有交往的 Plantago 的田濑理夫组合在一起配合工作的。还有，与冲绳植物的大师，也是现海洋博览会纪念公园管理财团理事花城良广也是从那时开始交往的。进一步，因气候风土都不同，本土的常识无法通用的施工现场的基本常识、泡盛酒的饮用方法等等，则在冲绳实地受教于以冲绳回归本土为契机而回归冲绳造园界的前原朝信。在这之外，与在冲绳相识的热情相待的人们的相会及体验，给予只知道本土的我宽广的视野。1982 年的日本造园学会奖，也是在冲绳的实绩《冲绳观光修景绿化规划调查及其他系列造园栽植规划调查》得到好评而获得的奖项。在那之后《关于造园栽植规划·设计的系列活动》获得东京农业大学的造园大奖（1990 年），北村奖（2005 年），建设大臣表彰（1996 年），黄绶褒章（1997 年）等奖项。

主要著作有《街道树》（技报堂出版），另有合著的《树木艺术书》（Aboku 社），《新订草坪与绿化》（日本草坪学会编，＜临海地＞项），《最前端的绿化技术》（日本芝草学会编，＜亚热带的绿化＞章），《花卉的景观应用》（讲谈社，＜野生植物装点的绿地再生＞项），《城市园艺》（讲谈社，＜自然园艺＞项），《水边的恢复》（软科学社，＜水边的植物＞项），《自然再生》（软科学社，＜中小河川＞项）等等。

现任植物设计事务所董事会会长，英国皇家园艺协会（RHSJ）日本支部理事，RHSJ 容器园艺协会理事，景观顾问协会参事，东京农业大学客座教授等职务。